Annette Scheiner
Erfolgreich recherchieren – Biowissenschaften
De Gruyter Studium

Erfolgreich recherchieren

Herausgegeben von
Klaus Gantert

Annette Scheiner

Erfolgreich recherchieren – Biowissenschaften

DE GRUYTER
SAUR

ISBN 978-3-11-029898-7
e-ISBN 978-3-11-029899-4
ISSN 2194-3443

Library of Congress Cataloging-in-Publication Data
A CIP catalog record for this book has been applied for at the Library of Congress.

Bibliografische Information der Deutschen Nationalbibliothek
Die Deutsche Nationalbibliothek verzeichnet diese Publikation in der Deutschen Nationalbibliografie; detaillierte bibliografische Daten sind im Internet über http://dnb.dnb.de abrufbar.

© 2013 Walter de Gruyter GmbH, Berlin/Boston
Satz: le-tex publishing services GmbH, Leipzig
Druck und Bindung: Hubert & Co. GmbH & Co. KG, Göttingen
♾ Gedruckt auf säurefreiem Papier
Printed in Germany

www.degruyter.com

Vorwort

> Wer auch nur eine Stunde seiner Zeit zu vergeuden wagt,
> hat den Wert des Lebens noch nicht erkannt.
> (Charles Darwin)

Ganz so drastisch wie Charles Darwin muß man es zwar nicht unbedingt sehen, aber gerade bei der Suche nach passender Literatur kann man schnell die eine oder andere Stunde „vergeuden", wenn man nicht darüber Bescheid weiß, wie man effizient recherchiert. Insbesondere in Zeiten des Internets und der leistungsfähigen Suchmaschinen mangelt es uns zwar meist nicht an Informationen, die Herausforderung liegt eher darin, aus der Unmenge an Informationen die für die zu bearbeitende Aufgabe relevantesten Teile herauszufiltern. Je nach wissenschaftlichem Fachgebiet stehen für diese Problematik unterschiedliche Informationsressourcen und Suchinstrumente zur Verfügung. Die grundlegende Herangehensweise für eine erfolgreiche Literaturrecherche sowie für die Weiterverarbeitung der gefundenen Informationen ist dagegen in vielen Fächern ähnlich.

Dieses Buch nähert sich der Thematik „Literaturrecherche" aus einer biowissenschaftlichen Perspektive und richtet sich primär an Studierende der Biologie. Vielleicht hält es sogar auch für fortgeschrittene Biowissenschaftler noch den einen oder anderen interessanten Tipp bereit. Der erste Teil *(Basics)* bietet einerseits einen Überblick über die wichtigsten Informationsressourcen für Biowissenschaftler und deren Benutzung und vermittelt andererseits die allgemeinen Grundlagen der Literaturrecherche. Im zweiten Teil *(Advanced)* steht insbesondere die Zeitschriftenliteratur im Mittelpunkt, da die meisten wissenschaftlichen Veröffentlichungen in den Naturwissenschaften als Zeitschriftenaufsätze publiziert werden. Ebenso lernen Sie darin einige besondere Sammlungen biowissenschaftlicher Literatur kennen. Der dritte Teil *(Informationen weiterverarbeiten)* widmet sich schließlich den Fragen, wie man die gefundenen Literaturstellen lokal abspeichern und verwalten, wie man in der Heimatbibliothek nicht vorhandene Literatur beschaffen kann, und wie man beim Erstellen seiner eigenen wissenschaftlichen Arbeit die zugrundeliegende Literatur korrekt zitiert. Im Anhang liefert Ihnen das Ressourcenverzeichnis zu jeder im Buch behandelten elektronischen Informationsressource die entsprechende Internetadresse. Ebenso finden Sie im Literaturverzeichnis einige Hinweise auf ergänzende oder weiterführende Literatur.

Insbesondere die Auswahl der vorgestellten Informationsressourcen kann angesichts des Umfangs dieses Buchs nur unvollständig sein, jedoch sollten Sie nach der Lektüre des Buchs in der Lage sein, weitere, hier nicht im Detail vorgestellte Informationsressourcen zu finden und zu benutzen, die für Ihre Arbeit relevant sind. Ebenso kann auch der dritte Teil des Buchs nur ein Grundgerüst des guten wissenschaftlichen Arbeitens und Zitierens vermitteln. Welche konkreten Praxisregeln in Ihrem speziellen Fachgebiet gelten, können Ihnen nur Ihre Dozenten bzw. Wissenschaftler dieser Fachrichtung im Detail beibringen.

Herzlich danken möchte ich Klaus Gantert, der mir die Möglichkeit eröffnet hat, dieses Buch zu schreiben. Meinem Mann Frank danke ich von Herzen dafür, dass er mir stets mit Rat und Tat zur Seite gestanden und damit zum Gelingen des Buches beigetragen hat.

Freiburg im Breisgau, Januar 2013
Annette Scheiner

Inhalt

Basics — 1

1	**Was finde ich wo? — 2**	
1.1	Bibliothekskataloge — 2	
1.1.1	Lokale Bibliothekskataloge — 2	
1.1.2	Verbundkataloge — 5	
1.1.3	Metakataloge — 8	
1.2	Datenbanken — 9	
1.2.1	Was sind Datenbanken? — 10	
1.2.2	Wie finde ich die passende Datenbank? — 11	
1.2.3	Wichtige Fachdatenbanken — 14	
1.3	Internetsuchmaschinen — 28	
1.3.1	Allgemeine Suchmaschinen — 30	
1.3.2	Wissenschaftliche Suchmaschinen — 32	
2	**Wie suche ich? — 35**	
2.1	Suchbegriffe überlegen — 36	
2.2	Suchstrategie entwickeln — 38	
2.2.1	Boolesche Operatoren — 39	
2.2.2	Trunkierung — 40	
2.2.3	Drill-Down-Funktionen — 41	

Advanced — 43

3	**Zeitschriftenliteratur — 43**	
3.1	Zeitschriftenverzeichnisse — 43	
3.1.1	Zeitschriftendatenbank — 44	
3.1.2	Elektronische Zeitschriftenbibliothek — 47	
3.1.3	Directory of Open Access Journals — 49	
3.1.4	Journals for Free — 50	
3.2	Zeitschrifteninhaltsverzeichnisse — 51	
3.2.1	Online Contents Biologie — 51	
3.2.2	Current Contents Connect — 53	
3.2.3	JournalTOCs: Biology — 54	
3.3	Zeitschriftenarchive — 54	
3.3.1	Nationallizenzen — 56	
3.3.2	JSTOR — 57	
3.4	Dokumentenserver — 58	
3.4.1	arXiv — 59	
3.4.2	Weitere Preprint-Server — 61	

4	**Besondere Sammlungen biologischer Literatur —— 62**	
4.1	Sondersammelgebiet Biologie —— 62	
4.2	Virtuelle Fachbibliothek Biologie —— 64	
4.3	AnimalBase —— 66	
4.4	Biodiversity Heritage Library —— 67	

Informationen weiterverarbeiten —— 68

5	**Suchergebnisse exportieren und verwalten —— 68**	
5.1	Treffermengen abspeichern —— 68	
5.2	Literatur verwalten —— 70	
6	**Literatur beschaffen —— 71**	
6.1	Fernleihe —— 72	
6.2	Dokumentlieferdienste —— 73	
7	**Richtig zitieren —— 74**	
7.1	Warum zitieren? —— 74	
7.2	Was zitieren? —— 76	
7.3	Wie zitieren? —— 77	

Zu guter Letzt —— 83
Anstelle eines Glossars —— 84
Ressourcenverzeichnis —— 85
Literaturverzeichnis —— 88
Sachregister —— 89
Abbildungsverzeichnis —— 91
Über die Autorin —— 91

Basics

Im Gegensatz zu vielen geisteswissenschaftlichen Studienfächern wird man im biowissenschaftlichen Studium erst relativ spät mit der Thematik Literatursuche konfrontiert. Für die ersten Semester werden in der Regel bestimmte Lehrbücher empfohlen oder vorgeschrieben, die entweder in der Lehrbuchsammlung der Bibliothek zu finden sind oder von den Studierenden selbst erworben werden. Doch über kurz oder lang steht das erste Referat im Seminar vor der Tür oder das erste eigene Experiment muss geplant und anschließend in einem Bericht erläutert und in den Kontext vergleichbarer Arbeiten gestellt werden.

Für die ersten Schritte auf dem Weg zur wissenschaftlichen Literaturrecherche soll dieser erste Teil des Buchs als kompakte Anleitung dienen und Ihnen Wege aufzeigen, wie Sie sich im immer dichter werdenden Informationsdschungel zurechtfinden und auf effektive Weise passende Literatur für den jeweiligen Zweck finden können.

Bei der Suche nach Literatur kann man zunächst zwei grundlegende Fälle unterscheiden:

1. Sie haben bereits eine Literaturliste vorliegen, die Ihnen z. B. für ein Seminar von der Lehrperson ausgehändigt wurde, und suchen nun die entsprechenden Dokumente. Dies wird auch als *Known Item Search* bezeichnet, bei der es im Grunde darum geht, zu wissen, in welchem Nachweissystem die jeweiligen Dokumente verzeichnet sind und in welcher Form Sie danach suchen können.
2. Haben Sie dagegen ein bestimmtes Thema vor Augen, zu dem Sie Literatur suchen, ist die Herangehensweise eine andere. Hier wissen Sie zunächst nicht, welche Art von Ressourcen – z. B. Bücher, Zeitschriftenaufsätze etc. – Informationen zu dem betreffenden Thema enthalten können. Daher kommt es in diesem Fall darauf an, zu wissen, welche Nachweissysteme welche Themengebiete abdecken und wie Sie am besten thematisch recherchieren.

In diesem ersten Teil des Buches werden nun die notwendigen Grundlagen vermittelt, um in beiden Fällen erfolgreich zum Ziel zu gelangen.

1 Was finde ich wo?

1.1 Bibliothekskataloge

1.1.1 Lokale Bibliothekskataloge

OPAC

Bibliotheken weisen traditionell ihre gesammelten Bestände in einem Katalog nach. Mit der Einführung der elektronischen Datenverarbeitung wurden die bis dahin üblichen gedruckten Zettelkataloge durch digitale Kataloge ersetzt, die den lokalen Bibliotheksbestand online und für alle zugänglich durchsuchbar machen (OPAC = *Online Public Access Catalogue*). Heute ist der **Bibliothekskatalog** meist in den Webauftritt der jeweiligen Bibliothek integriert und kann kostenfrei zur Recherche verwendet werden. In Bibliothekskatalogen wird überwiegend selbstständig erschienene Literatur verzeichnet, d. h. Bücher, Zeitschriften, Zeitungen und Sammelbände, jedoch i. d. R. keine Aufsätze aus Zeitschriften oder Beiträge aus Sammelbänden. Diese *unselbstständig erschienenen Werke* werden meist nur dann im lokalen Katalog nachgewiesen, wenn sie für das Sammelprofil der Bibliothek von besonderem Interesse sind. Zusätzlich zu den gedruckten Medien finden sich im OPAC auch zahlreiche weitere Medienformen, wie z. B. E-Books, E-Journals, Musik-CDs, DVDs, CD-ROMs und Blu-ray Discs.

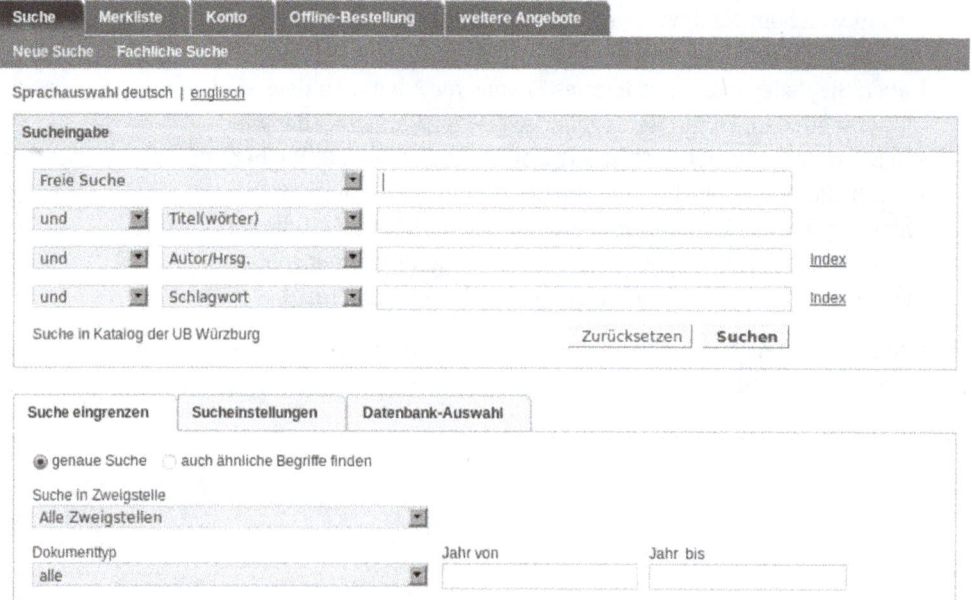

Abb. 1: OPAC der Universitätsbibliothek Würzburg

Angesichts der Vielzahl und Vielfalt elektronischer Medien (insbesondere im Bereich der E-Books), stellt deren vollständiger Nachweis im eigenen Katalog eine große Herausforderung dar, die in jeder Bibliothek unterschiedlich gut gelöst wird. Während es früher oft zahlreiche verschiedene Kataloge und Listen gab, in denen elektronische Medien separat vom gedruckten Bestand verzeichnet wurden, wird heute in vielen Bibliotheken das Ziel verfolgt, den gesamten Medienbestand in einem gemeinsamen Katalog nachzuweisen. Darüber hinaus werden durch das immer größer werdende Angebot an kostenfrei verfügbaren Online-Medien, oftmals auch solche Werke im lokalen Katalog nachgewiesen, die gar nicht explizit erworben wurden.

Im Bereich der Biowissenschaften ist der OPAC v. a. für die Suche nach lokal vorhandenen (Lehr-)Büchern, Aufsatzsammlungen und Fachzeitschriften von Bedeutung. Im fortgeschrittenen Studium werden dann hauptsächlich Zeitschriftenaufsätze gelesen, nach denen man im Rahmen einer thematischen Suche (s. Seite 35) in bibliographischen Datenbanken sucht. Von dort gibt es i. d. R. (mehr oder weniger) direkte Verlinkungen auf die von der Bibliothek lizenzierten Volltexte, so dass meist nicht mehr im lokalen Katalog nachgeprüft werden muss, ob die betreffende Zeitschrift im Bestand vorhanden ist.

Tipp

Nutzen Sie die Schulungsangebote Ihrer Universitätsbibliothek vor Ort und lassen Sie sich die Benutzung des lokalen OPACs im Detail erklären. Dabei erfahren Sie viele hilfreiche Tricks und Kniffe, die Ihnen bei der erfolgreichen Literaturrecherche von Nutzen sein können.

Einfache Suche

Viele Bibliothekskataloge bieten sowohl eine „einfache" als auch eine „erweiterte" Suche an. In der *einfachen Suche* geben Sie die Suchbegriffe in ein einziges Suchfeld ein, das entweder gar nicht weiter beschriftet ist, oder z. B. als „freie Suche" oder „Suche über alle Felder" benannt ist. Hierbei wird dann in allen Feldern der Katalogeinträge (z. B. Titel, Autor, Erscheinungsjahr, Verlag) nach den eingegebenen Begriffen gesucht und es werden diejenigen Treffer angezeigt, in denen alle Suchbegriffe in mindestens einem Feld vorhanden sind. Denn üblicherweise werden bei der einfachen Suche alle eingegebenen Begriffe mit „UND" verknüpft (vgl. den Abschnitt zu den *Booleschen Operatoren* auf Seite 39). Wenn Sie bei der einfachen Suche sehr unspezifische Suchbegriffe verwenden (z. B. Biologie, Experiment, Evolution) erhalten Sie oft unüberschaubar große Trefferzahlen. Wenn Sie dagegen nach einem ganz bestimmten Werk suchen und die dafür charakteristischen Begriffe eingeben, kann auch die einfache Suche unkompliziert und schnell zum Ziel führen. Wenn Sie beispielsweise im Suchschlitz der UB Freiburg die vier Begriffe „Wilson Hölldobler Ameisen 1995" eingeben, finden Sie exakt einen Treffer und zwar die 1995 erschienene deutsche Ausgabe des Werks *Ameisen: die Entdeckung einer faszinierenden Welt*, das die beiden berühmten Ameisenforscher Edward O. Wilson und Bert Hölldobler ursprünglich 1994 unter dem Titel *Journey to the Ants: a Story of Scientific Exploration* veröffentlicht haben.

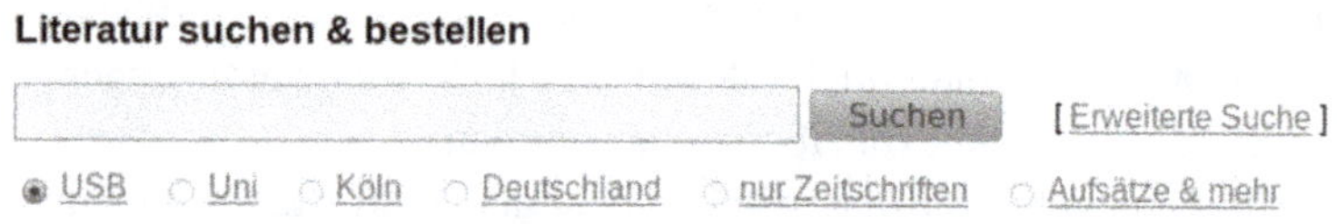

Literatur suchen & bestellen

[   ] [Suchen]   [Erweiterte Suche]

● USB ○ Uni ○ Köln ○ Deutschland ○ nur Zeitschriften ○ Aufsätze & mehr

Abb. 2: Einfache Suche („Suchschlitz") auf der Startseite der Universitäts- und Stadtbibliothek (USB) Köln

Erweiterte Suche

Wie der Name bereits sagt, bietet die *erweiterte Suche* spezifischere Suchmöglichkeiten (vgl. Abbildung 1). Hierbei können Sie gezielt auswählen, in welchen Feldern der Katalogeinträge die gesuchten Begriffe vorkommen sollen. So können Sie beispielsweise vermeiden, dass Sie bei der Suche nach Büchern des Autors Charles Darwin auch völlig themenfremde Bücher des Verlags „Darwin Press" als Treffer angezeigt bekommen, indem Sie gezielt im Feld „Autor" oder „Verfasser" nach Charles Darwin suchen. Je nach Katalog können Sie in der erweiterten Suche die einzelnen Felder auch mit Hilfe der *Booleschen Operatoren* verknüpfen (s. Seite 39) und so Ihre Suchanfrage noch weiter präzisieren.

Indexsuche

Zu manchen Suchfeldern bieten Kataloge auch einen sog. *Index* an, in dem alle Begriffe aufgelistet sind, die in diesem Feld in der Gesamtheit aller Katalogeinträge enthalten sind. Durch das Blättern in diesen Indexbegriffen können Sie sich einen ersten Überblick verschaffen, nach welchen Begriffen es sich zu suchen lohnt. Zu jedem Indexeintrag wird üblicherweise die Anzahl der zugehörigen Katalogeinträge angezeigt. Meist sind die Indexeinträge auch direkt als Links gestaltet, so dass ein Klick auf den entsprechenden Eintrag direkt alle Katalogeinträge zurückliefert, die den Indexbegriff in dem entsprechenden Feld enthalten.

Recommender-Funktionen

Ein weiteres Serviceangebot moderner Bibliothekskataloge sei an dieser Stelle noch erwähnt: die sog. *Recommender-Funktionen*. Ähnlich wie bei den großen Internet-Versandhändlern gibt es seit einiger Zeit auch in Bibliothekskatalogen in Abhängigkeit von den vorhandenen Daten zu den jeweiligen Katalogeinträgen Hinweise wie „Andere

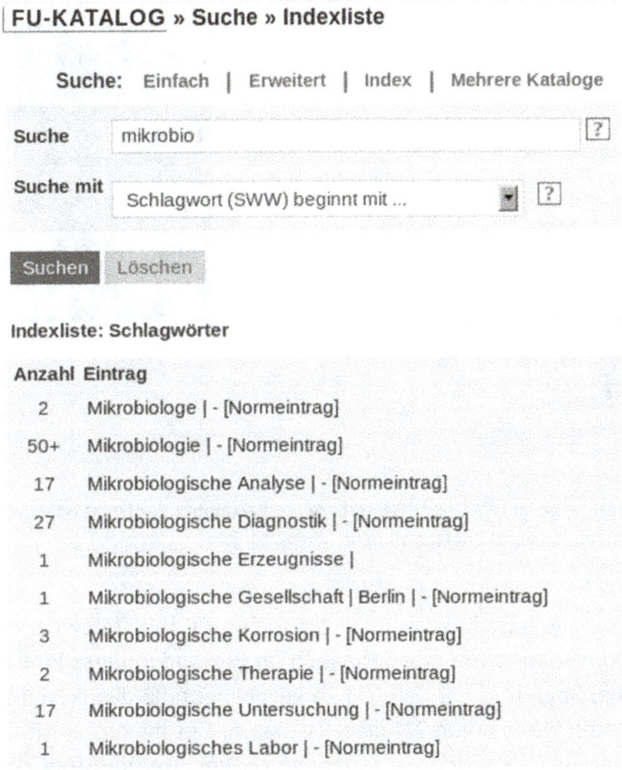

Abb. 3: Indexsuche im Katalog der UB der Freien Universität Berlin

fanden auch interessant ..." o. ä., die dann dem eben betrachteten Titel ähnliche Werke auflisten. Grundlage für diese Empfehlungen ist i. d. R. nicht die Ausleihstatistik, da im Verhältnis zum Gesamtbestand einer Bibliothek zu wenige Titel wirklich ausgeliehen werden, sondern meist das Rechercheverhalten der Nutzer. Als „ähnliche" Titel werden dann beispielsweise diejenigen Werke herangezogen, die von anderen Nutzern in einer zusammenhängenden Recherchesitzung *(Session)* in der Volltitelanzeige angesehen wurden. Ein in Deutschland verbreiteter Recommender-Dienst ist *BibTip*.

1.1.2 Verbundkataloge

Angesichts der großen Anzahl an weltweit erscheinenden Medien kann keine Universitätsbibliothek diese alle erwerben, sondern sie wird immer in Abhängigkeit von den lokalen Schwerpunkten in Forschung und Lehre eine Auswahl der relevantesten Titel treffen. Daher

Verbundkataloge

Mikrobiologie des Meeres
eine Einführung

 Inhalts-
verzeichnis

Verfasser: Meyer-Reil, Lutz-Arend
Verlagsort, Verlag, Jahr: Wien, Facultas, 2005
Umfang: XII, 228, VII S.
Schlagwort: Meer ; Mikroorganismus
ISBN: 3-8252-2679-4

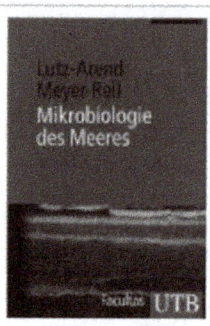

bibtip Andere Benutzer fanden auch interessant:

- Tait, Ronald Victor: Meeresökologie (1971)
- Faszination Meeresforschung ([2006])
- ¬Der Ozean - Lebensraum und Klimasteuerung (2002)

Abb. 4: Trefferanzeige im OPAC der UB Bamberg mit Recommender-Funktion, Link zum Inhaltsverzeichnis und Coverabbildung

ist es von großem Vorteil, wenn man sich nicht nur im Katalog der eigenen Bibliothek auskennt, sondern auch im Bestand anderer Bibliotheken recherchieren kann, damit man gegebenenfalls das gesuchte Buch per Fernleihe (s. Seite 72) bestellen kann. Ein mögliches Hilfsmittel zu diesem Zweck sind die sogenannten **Verbundkataloge** der acht Bibliotheksverbünde des deutschsprachigen Raums, die jeweils die Bestände der am Verbund teilnehmenden Bibliotheken in einem gemeinsamen Katalog nachweisen:

Verbundkataloge des deutschsprachigen Raums

- Bibliotheksverbund Bayern (BVB)
- Gemeinsamer Bibliotheksverbund (GBV)
- Hochschulbibliothekszentrum (hbz in NRW)
- Hessisches Bibliotheksinformationszentrum (HeBIS)
- Kooperativer Bibliotheksverbund Berlin-Brandenburg (KOBV)
- Südwestdeutscher Bibliotheksverbund (SWB)
- Österreichischer Bibliotheksverbund (OBVSG)
- Informationsverbund Deutschschweiz (IDS)

Innerhalb des Verbundkatalogs werden die bibliographischen Daten eines bestimmten Titels nur einmal erfasst und jede Bibliothek, die ein Exemplar des Titels besitzt, fügt an den Katalogeintrag einen entsprechenden Besitznachweis an. Diese Daten werden bei der Vollanzeige eines Katalogeintrags meist in Listenform angezeigt, so dass man sich schnell einen Überblick verschaffen kann, welche Bibliotheken z. B. das gesuchte Buch im Bestand haben. Oft werden an dieser Stelle auch noch weitere Informationen angezeigt, wie z. B. ob das Buch nur vor Ort genutzt werden kann oder ob es auch per Fernleihe (s. Seite 72) bestellt werden kann.

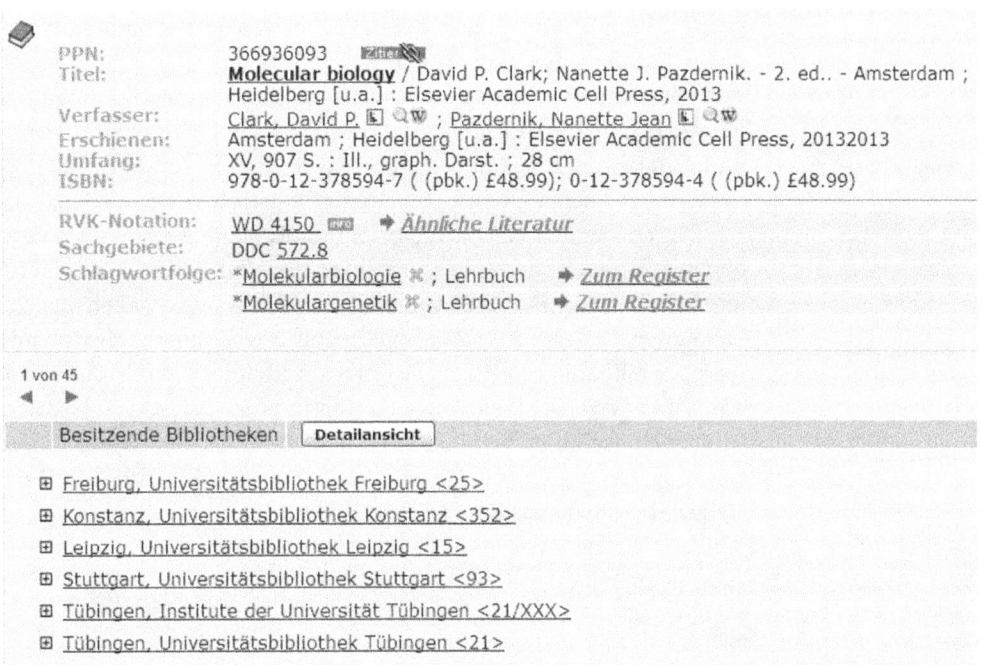

Abb. 5: Volltitelanzeige im OPAC des Südwestverbundes mit Auflistung der besitzenden Bibliotheken

Bibliotheken mit einem großen Bestand an biowissenschaftlicher Literatur sind z. B. die Universitätsbibliothek Johann Christian Senckenberg in Frankfurt am Main (UB Frankfurt; HeBIS) sowie die Technische Informationsbibliothek / Universitätsbibliothek Hannover (TIB/UB Hannover; GBV). Mit einem Bestand von rund 8,3 Mio. Medieneinheiten zählt die UB Frankfurt zu den zentralen wissenschaftlichen Bibliotheken in Deutschland. Als Sondersammelgebietsbibliothek für Biologie (s. auch Seite 62) erwirbt die UB Frankfurt möglichst vollständig die weltweit erscheinende forschungsrelevante biowissenschaftliche Literatur – sowohl gedruckt als auch elektronisch. Darüber hinaus ist die UB Frankfurt federführend an der Bereitstellung der Virtuellen Fachbibliothek Biologie (vifabio, s. auch Seite 64) beteiligt. Die TIB/UB Hannover ist die Deutsche Zentrale Fachbibliothek für Technik sowie Architektur, Chemie, Informatik, Mathematik und Physik,

d. h. sie sammelt nicht primär biowissenschaftliche Literatur, hat aber dennoch auch einen nennenswerten Biologie-Bestand. Insgesamt besitzt die TIB/UB Hannover rund 8,9 Mio. Medieneinheiten, wovon gut 85 % technisch-naturwissenschaftlicher Art sind. Als spezialisiertes Recherchewerkzeug bietet die TIB Hannover das Fachinformationsportal „GetInfo" an (s. auch Seite 74). Als weitere Spezialbibliothek, deren Bestände für Teilbereiche der Biowissenschaften interessant sein könnten, sei an dieser Stelle noch die Deutsche Zentralbibliothek für Medizin in Köln (hbz) erwähnt, die u. a. auch Literatur zu Umwelt- und Agrarwissenschaften sammelt und für diesen Teil der Bestände die Virtuelle Fachbibliothek „Greenpilot" betreibt.

Seit einiger Zeit gibt es auch einen weltweiten „Verbundkatalog", den sog. *WorldCat* des amerikanischen Bibliotheks-Servicedienstleisters *OCLC*, der die Bestände von mehr als 72 000 Bibliotheken aus 170 Ländern nachweist; insgesamt sind rund 290 Millionen Medien mit rund 1,9 Milliarden Besitznachweisen verzeichnet (Stand: Dezember 2012). Der WorldCat kann kostenfrei im Internet durchsucht werden. In Abhängigkeit von Ihrem Standort können Sie sich im WorldCat anzeigen lassen, welche am WorldCat teilnehmende Bibliothek in Ihrer Nähe das gesuchte Medium im Bestand hat.

Tipp

Wenn Sie einen OPAC oder einen Verbundkatalog benutzen, sollten Sie sich – soweit dies möglich ist – grundsätzlich mit der Nummer Ihres Benutzerausweises und Ihrem persönlichen Passwort anmelden. Auf diese Weise können Sie Treffer nicht nur unmittelbar bestellen und Ihr Konto verwalten, zum Teil haben Sie auf dadurch auch erweiterte Zugriffsmöglichkeiten auf elektronische Volltexte.

1.1.3 Metakataloge

Wenn Sie bereits eine ungefähre Vermutung haben, in welchem Bibliotheksverbund ein für Sie interessanter Bestand an biowissenschaftlicher Literatur vorhanden ist, können Sie gezielt in einem der im vorherigen Abschnitt beschriebenen Verbundkataloge suchen. Möchten oder können Sie im Vorfeld jedoch keine solche Eingrenzung vornehmen, stehen Ihnen als weiteres hilfreiches Werkzeug die sogenannten **Metakataloge** – oder auch *virtuelle Kataloge* – zur Verfügung. Diese Kataloge greifen nicht auf einen eigenen Datenbestand zu, sondern suchen gleichzeitig in mehreren Katalogen einzelner Bibliotheken, Verbünde oder Datenbankanbieter.

Die Universitätsbibliothek Karlsruhe (jetzt: KIT-Bibliothek) stellt hier mit dem *Karlsruher Virtuellen Katalog* (KVK) ein leistungsfähiges

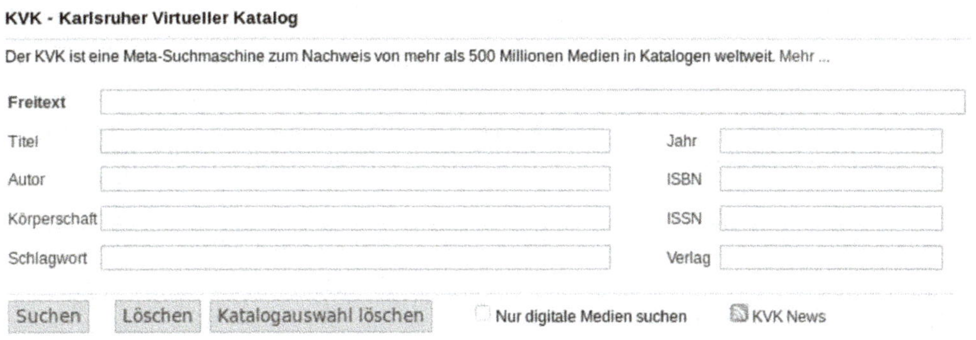

KVK - Karlsruher Virtueller Katalog

Der KVK ist eine Meta-Suchmaschine zum Nachweis von mehr als 500 Millionen Medien in Katalogen weltweit. Mehr ...

Freitext			
Titel		Jahr	
Autor		ISBN	
Körperschaft		ISSN	
Schlagwort		Verlag	

[Suchen] [Löschen] [Katalogauswahl löschen]   ☐ Nur digitale Medien suchen   📰 KVK News

Abb. 6: Suchmaske des Karlsruher Virtuellen Katalogs (KVK)

Suchinstrument zur Verfügung, mit dem man nicht nur gleichzeitig in allen deutschen Verbundkatalogen suchen kann, sondern auch in zahlreichen anderen regionalen und nationalen Katalogen in Europa und der ganzen Welt. Darüber hinaus können im KVK auch verschiedene Verzeichnisse lizenzfreier elektronischer Ressourcen sowie mehrere Buchhandelsverzeichnisse durchsucht werden. Eine Suche im KVK empfiehlt sich also z. B. dann, wenn Sie nach einem ganz bestimmten Titel suchen, der nur sehr selten vorhanden ist.

Speziell für die Biowissenschaften bietet die *Virtuelle Fachbibliothek Biologie* (s. Seite 64) einen virtuellen Katalog an, in dem Sie gezielt in Bibliothekskatalogen mit herausragenden biowissenschaftlichen Sammlungen recherchieren können. In diesem Metakatalog können Sie zusätzlich zu Bibliotheksbeständen auch diverse Internetquellen und freie Volltexte, wie z. B. den Fachausschnitt Biologie aus der *Bielefeld Academic Search Engine* (BASE) (s. Seite 34) durchsuchen.

Virtuelle Fachbibliothek Biologie

Behalten Sie bei der Suche in Metakatalogen immer im Hinterkopf, dass sich die gemeinsam durchsuchten Datenquellen in ihrer Struktur und inhaltlichen Erschließung unter Umständen stark voneinander unterscheiden können. Daher ist eine Meta-Suche meist dann am erfolgreichsten, wenn Sie sich bei Ihrer Suchanfrage auf diejenigen Suchfelder beschränken, die in jeder Datenquelle vorhanden sind, z. B. Autor, Titel, Erscheinungsjahr.

Tipp

1.2 Datenbanken

Spätestens wenn die Bachelor-Arbeit vor der Tür steht, wird Ihnen die Suche in (lokalen) Bibliothekskatalogen nicht mehr ausreichen. Als

Datenbanken

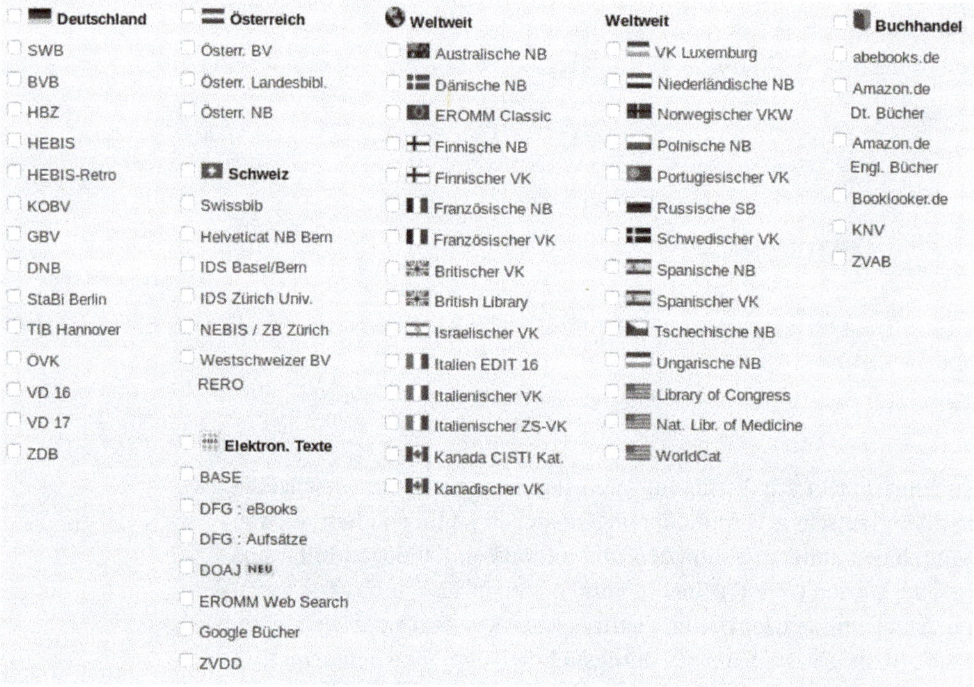

Deutschland	Österreich	Weltweit	Weltweit	Buchhandel
SWB	Österr. BV	Australische NB	VK Luxemburg	abebooks.de
BVB	Österr. Landesbibl.	Dänische NB	Niederländische NB	Amazon.de Dt. Bücher
HBZ	Österr. NB	EROMM Classic	Norwegischer VKW	Amazon.de Engl. Bücher
HEBIS		Finnische NB	Polnische NB	
HEBIS-Retro	Schweiz	Finnischer VK	Portugiesischer VK	Booklooker.de
KOBV	Swissbib	Französische NB	Russische SB	KNV
GBV	Helveticat NB Bern	Französischer VK	Schwedischer VK	ZVAB
DNB	IDS Basel/Bern	Britischer VK	Spanische NB	
StaBi Berlin	IDS Zürich Univ.	British Library	Spanischer VK	
TIB Hannover	NEBIS / ZB Zürich	Israelischer VK	Tschechische NB	
ÖVK	Westschweizer BV RERO	Italien EDIT 16	Ungarische NB	
VD 16		Italienischer VK	Library of Congress	
VD 17	Elektron. Texte	Italienischer ZS-VK	Nat. Libr. of Medicine	
ZDB	BASE	Kanada CISTI Kat.	WorldCat	
	DFG : eBooks	Kanadischer VK		
	DFG : Aufsätze			
	DOAJ NEU			
	EROMM Web Search			
	Google Bücher			
	ZVDD			

Abb. 7: Katalogauswahl im Karlsruher Virtuellen Katalog (KVK)

Einstieg in Ihr Forschungsthema können Ihnen zusammenfassende Darstellungen in Büchern zwar weiterhin nützlich sein, doch die aktuellen Forschungsergebnisse werden in den Naturwissenschaften traditionell in Form von Zeitschriftenaufsätzen veröffentlicht. Wie bereits eingangs erwähnt, werden Aufsätze i. d. R. nicht in Bibliothekskatalogen nachgewiesen, so dass es nun an der Zeit ist, die sogenannten **„Datenbanken"** näher kennenzulernen.

1.2.1 Was sind Datenbanken?

Wenn man im Bibliotheksbereich von Datenbanken spricht, ist damit weniger eine technisch definierte Art der Datenspeicherung gemeint, sondern als Datenbanken werden meist jegliche Art von elektronisch bzw. online verfügbaren Rechercheinstrumenten bezeichnet. In welcher Art von Datenbank die dem Rechercheinstrument zugrundeliegenden Daten letzendlich gespeichert sind, ist für uns als Literatursuchende eher zweitrangig.

Bibliographien   Vorläufer der Datenbanken waren gedruckte (Fach-)Bibliographien, in denen im Fall von Fachbibliographien Literatur zu einem bestimmten Thema oder bei Nationalbibliographien beispielsweise alle im betreffenden Land erschienene Literatur verzeichnet wird. Das Erstellen solcher Verzeichnisse war naturgemäß sehr aufwendig und oft war ein gedruckter Band bei seinem Erscheinen bereits veraltet. So ist es aus heutiger Perspektive leicht nachzuvollziehen, dass die elektronische Datenverarbeitung und die damit verbundene Möglichkeit, Daten in strukturierter Form zu speichern und verfügbar zu machen, insbesondere im Bereich der Bibliographien einen schnellen Siegeszug antrat. Neu erscheinende Literatur kann leicht ergänzt und die Datenbank somit aktuell gehalten werden. Ebenso wird die Suche in Bibliographien erleichtert und um neue Möglichkeiten erweitert.

In den Biowissenschaften sind insbesondere solche Datenbanken von Interesse, die Zeitschriftenaufsätze verzeichnen. Diese werden entsprechend als *Aufsatzdatenbanken* bezeichnet. Typischerweise werden die Zeitschriftenaufsätze darin mit ihren bibliographischen Daten oder *Metadaten* nachgewiesen, d. h. Aufsatztitel, Autor(en), Zeitschriftentitel, Jahrgang, Band- und Seitenangaben. Meistens ist auch eine Kurzzusammenfassung bzw. der *Abstract* des Aufsatzes in der Datenbank enthalten. Sogenannte *Volltextdatenbanken* enthalten neben den Metadaten auch den gesamten Text des Aufsatzes.

Aufsatzdatenbanken

1.2.2 Wie finde ich die passende Datenbank?

In den Biowissenschaften ist man beim Thema Literaturrecherche meist in der glücklichen Lage, mit einigen wenigen zentralen Datenbanken einen Großteil der relevanten Forschungsliteratur abdecken zu können (s. Seite 14). Darüber hinaus gibt es jedoch eine beachtliche Anzahl von speziellen Datenbanken, deren Existenz man gar nicht vermuten würde. Wenn Sie also Literatur zu einem sehr speziellen Thema suchen, können Ihnen insbesondere zwei Rechercheinstrumente dabei gute Dienste leisten: Das *Datenbank-Infosystem* und der *Datenbank-Führer* der Virtuellen Fachbibliothek Biologie (s. Seite 65).

Das **Datenbank-Infosystem (DBIS)** wurde im Jahr 2002 an der Universitätsbibliothek Regensburg im Rahmen des Projekts „Virtuelle Bibliothek Bayern" entwickelt und wird inzwischen von rund 265 Bibliotheken aus dem deutschsprachigen Raum genutzt. Die Inhalte von DBIS werden von den teilnehmenden Bibliotheken gemeinsam gepflegt. In DBIS sind gut 9800 wissenschaftlich relevante Datenbanken verzeichnet und beschrieben (knapp 3700 dieser Datenbanken stehen kostenfrei online zur Verfügung). Für den Fachbereich Biologie sind in DBIS 559 Datenbanken nachgewiesen.

Datenbank-Infosystem

Datenbank-Infosystem (DBIS)
Gesamtbestand in DBIS

Fachgebiete	Anzahl
Allgemein / Fachübergreifend	2179
Allgemeine und vergleichende Sprach- und Literaturwissenschaft	413
Anglistik, Amerikanistik	508
Archäologie	183
Architektur, Bauingenieur- und Vermessungswesen	342
Biologie	559
Chemie	387
Elektrotechnik, Mess- und Regelungstechnik	139
Energie, Umweltschutz, Kerntechnik	256
Ethnologie (Volks- und Völkerkunde)	185
Geographie	384
Geowissenschaften	210
Germanistik, Niederländische Philologie, Skandinavistik	560
Geschichte	1200
Informatik	177
Informations-, Buch- und Bibliothekswesen, Handschriftenkunde	294
Klassische Philologie	221
Kunstgeschichte	525

Abb. 8: Fachübersicht über das Datenbankangebot in DBIS (Gesamtbestand)

Für die Nutzung von DBIS werden verschiedene „Sichten" angeboten, aus denen Sie je nach Bedarf die passende auswählen können. Zum einen kann man sich den Gesamtbestand von DBIS anzeigen lassen, um sich einen Überblick zu verschaffen, welche Datenbanken beispielsweise zu einem bestimmten Fachgebiet verzeichnet sind. Greift man aus den Räumlichkeiten einer teilnehmenden Bibliothek auf DBIS zu, bekommt man standardmäßig die „lokale Sicht" präsentiert, in der neben den kostenfreien bzw. deutschlandweit frei nutzbaren Datenbanken nur diejenigen kostenpflichtigen Datenbanken angezeigt werden, die von der betreffenden Bibliothek lizenziert wurden. Zu diesen Datenbanken wird dann auch ein entsprechender Link zum lizenzierten Zugang der betreffenden Bibliothek angeboten. Finden Sie in der lokalen DBIS-Sicht keine geeignete Datenbank, kann sich eine erneute Suche im Gesamtbestand lohnen, um herauszufinden, ob ggf. andere Bibliotheken eine zum Thema passende Datenbank lizenziert haben.

Hinweis Die Auswahl einer *lokalen Sicht* der teilnehmenden Bibliotheken bzw. des Gesamtbestandes von DBIS können Sie in der linken Menüleiste unter „Bibliotheksauswahl/Einstellungen" vornehmen.

In DBIS sind die Datenbanken inhaltlich beschrieben sowie nach verschiedenen Gesichtspunkten klassifiziert (Fachgebiet, Erscheinungsform, Datenbanktyp, Zugangsart). Dadurch können Sie sich die Datenbanken einerseits anhand der verschiedenen Klassifikationen sortiert anzeigen lassen, sowie andererseits über die einfache bzw. erweiterte Suche die Beschreibungen der Datenbanken durchsuchen. Ein weiteres wichtiges Kriterium für die Auswahl einer geeigneten Datenbank ist der sog. *Berichtszeitraum*, der beschreibt, welche Zeitspanne die Datenbank abdeckt. Ein Berichtszeitraum „1970-" bedeutet beispielsweise, dass Sie Literatur ab dem Erscheinungsjahr 1970 bis hin zu ganz aktueller Literatur in der Datenbank finden können. Benötigen Sie auch ältere Literatur, müssen Sie dazu in einer anderen Datenbank recherchieren, die auch ältere Zeiträume abdeckt.

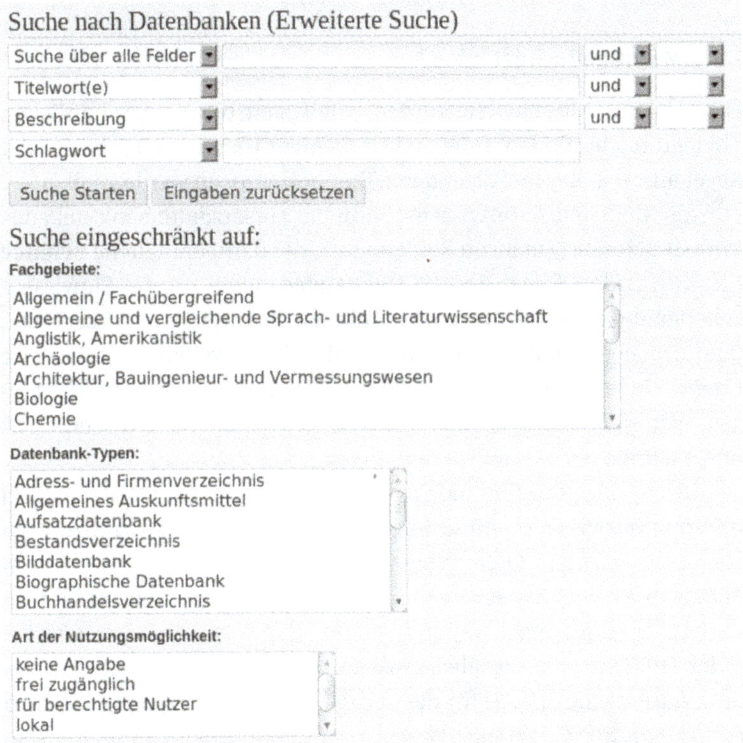

Abb. 9: Erweiterte Suchmöglichkeiten in DBIS (Lokale Sicht UB Freiburg)

Bei der Recherche im Datenbank-Infosystem suchen Sie nur *nach* Datenbanken, Sie recherchieren noch nicht *in* diesen Datenbanken. Um in den Inhalten einer Datenbank recherchieren zu können, müssen Sie diese erst über den in DBIS angegeben Link öffnen.

Hinweis

Datenbank-Führer

Ein speziell auf die Biowissenschaften zugeschnittenes Verzeichnis von Datenbanken bietet die Virtuelle Fachbibliothek Biologie (vifabio) mit ihrem **Datenbank-Führer** an (vgl. Seite 65). In diesem Verzeichnis sind ausschließlich online verfügbare biologische Datenbanken nachgewiesen und inhaltlich beschrieben. Auch hier können Sie mit einer einfachen bzw. erweiterten Suche die Datenbankbeschreibungen durchsuchen, um zu ihrem Thema passende Datenbanken zu finden. Zurzeit sind mehr als 830 biologische Datenbanken nachgewiesen (Stand: Dezember 2012). Der Datenbank-Führer wird von den Betreuern der vifabio gepflegt. Die meisten verzeichneten Datenbanken sind kostenfrei verfügbar. Bei den kostenpflichtigen Angeboten müssen Sie entsprechend prüfen, ob Ihre Universitätsbibliothek den Zugang lizenziert hat.

1.2.3 Wichtige Fachdatenbanken

Für die Literaturrecherche zu den gängigsten biowissenschaftlichen Themen reicht die Kenntnis einiger weniger Fachdatenbanken in der Regel aus, die hier im Folgenden näher beschrieben werden sollen.

Web of Science

Als wichtigste naturwissenschaftliche Aufsatzdatenbank stellt das **Web of Science** (Thomson Reuters) bzw. der darin enthaltene **Science Citation Index Expanded** (SCI Expanded) auch für die Biowissenschaften die erste und wichtigste Anlaufstelle für eine umfassende Literaturrecherche dar. Der SCI Expanded – eine Erweiterung des *Science Citation Index* – dokumentiert, jeweils mit kurzen Zusammenfassungen, Veröffentlichungen aus allen Gebieten von Naturwissenschaft und Technik.

Der Science Citation Index wurde 1960 von dem amerikanischen Informationswissenschaftler Eugene Garfield begründet und vom *Institute for Scientific Information* (ISI) herausgegeben, das heute zum Thomson-Reuters-Konzern gehört. In den 70er Jahren wurden zwei weitere Zitationsverzeichnisse etabliert, der *Social Sciences Citation Index* (1973) für die Sozialwissenschaften und der *Arts and Humanities Citation Index* (1978) für die Geisteswissenschaften. Später kamen dann noch der *Conference Proceedings Citation Index* (Konferenzberichte) mit den beiden Untergruppen „Science" und „Social Science & Humanities", der *Index Chemicus* und die *Current Chemical Reactions* hinzu, die alle innerhalb des Web of Science gemeinsam durchsucht werden können, sofern man alle Teile der Datenbank lizenziert hat.

Wie die Bezeichnung *Citation Index* bereits vermuten lässt, ging es Eugene Garfield bei der Erstellung des Science Citation Index weniger um eine reine Bibliographie als um eine Erfassung der Zitationsbeziehungen zwischen den einzelnen Publikationen, mit deren Hilfe er die Entwicklung der Wissenschaft untersuchen wollte. Diesem Ziel ist auch der rigorose Auswahlprozess geschuldet, den wissenschaftliche Fachzeitschriften durchlaufen müssen, bevor sie in die verschiedenen Zitationsverzeichnisse aufgenommen werden, da bereits Samuel Bradford 1934 festgestellt hatte, dass es für jedes Fachgebiet gewisse Kernzeitschriften gibt, in denen der größte Teil der für dieses Fachgebiet relevanten Literatur publiziert wird („*Bradford's law of scattering*").

Steckbrief Web of Science / Science Citation Index Expanded	
Typ:	lizenzpflichtige bibliographische Datenbank
Anbieter:	Thomson Reuters
Zugang:	über Ihre Informationseinrichtung / Heimatbibliothek
Umfang:	> 18 Mio. Datenbankeinträge aus rund 8300 Fachzeitschriften (> 50 Mio. im gesamten Web of Science)
thematisch:	alle Bereiche der Naturwissenschaften, Medizin und Ingenieurwissenschaften
geographisch:	weltweit
sprachlich:	englisch (auch fremdsprachige Publikationen sind mit englischsprachigen Metadaten nachgewiesen)
zeitlich:	je nach Quelle ab 1900 bis heute
Aktualisierung:	täglich (Zuwachs: rund 900 000 Einträge pro Jahr)
Merkmale:	Sacherschließung über *Author Keywords* und *Keywords Plus*; komplette Erfassung der Referenzen; umfangreiche Zitationsanalysen möglich
Suchoberfläche:	Web of Knowledge; Auswahl verschiedener Datenbanken; gemeinsame Suche über verschiedene Datenbanken; komplexe Suchanfragen über die *Advanced Search* möglich
Ergebnisanzeige:	übersichtlich; vielfältige Facettierungs-/Drill-Down-Möglichkeiten; Kombination von Suchanfragen über *Search History* möglich
Weiterverarbeitung:	Speichern, Drucken, E-Mail, Download in Literaturverwaltungsprogramme, Personalisierung und Alerts
Vorteile:	traditionsreiche Standard-Datenbank in den Naturwissenschaften; einfache Bedienbarkeit, aber auch hochkomplexe Anwendungsmöglichkeiten
Nachteile:	sehr strenge Auswahlkriterien für die indexierten Zeitschriften, wodurch neue Zeitschriften oft erst mit Zeitverzug aufgenommen werden

Auch wenn der SCI Expanded nicht primär als Bibliographie gedacht war, kann man ihn doch hervorragend als solche nutzen und darin auch nach biowissenschaftlichen Veröffentlichungen suchen. Inhaltlich erschlossen werden die Dokumente mit dem *Abstract* und den *Keywords*, die sich in „Author Keywords" und „KeyWords Plus" differenzieren. Wie schon aus den Bezeichnungen hervorgeht, vergeben der Autor und zusätzlich der Informationsanbieter, Thomson Reuters, die Schlagworte. Suchanfragen müssen im Web of Science grundsätzlich in *englischer Sprache* formuliert werden, da für alle verzeichneten Publikationen unabhängig von der Sprache, in der diese geschrieben sind, die bibliographischen Daten auf Englisch erfasst werden.

Einfache Suche

Voreingestellt ist im Web of Science die einfache Suche („Search"), die bereits viele Such- und Kombinationsmöglichkeiten bietet. Im Gegensatz zu vielen anderen Datenbanken besteht die einfache Suche im Web of Science nämlich nicht nur aus einem einfachen Suchschlitz, sondern es können bis zu 25 Suchfelder über die Booleschen Operatoren (s. Seite 39) miteinander verknüpft werden. Als Suchfelder stehen 17 verschiedene Kategorien zur Verfügung, von denen für thematische Recherchen „Topic" und „Title" am wichtigsten sind (s. auch Seite 35). In der Kategorie „Topic" werden die Datenbankfelder „Title", „Abstract", „Keywords" und „KeyWords Plus" durchsucht. Darüber hinaus können Sie selbstverständlich auch nach Autoren („Author"), Zeitschriften („Publication Name"), Erscheinungsjahr („Year Published") oder dem Dokumenttyp („Document Type") suchen. Für einige Such-

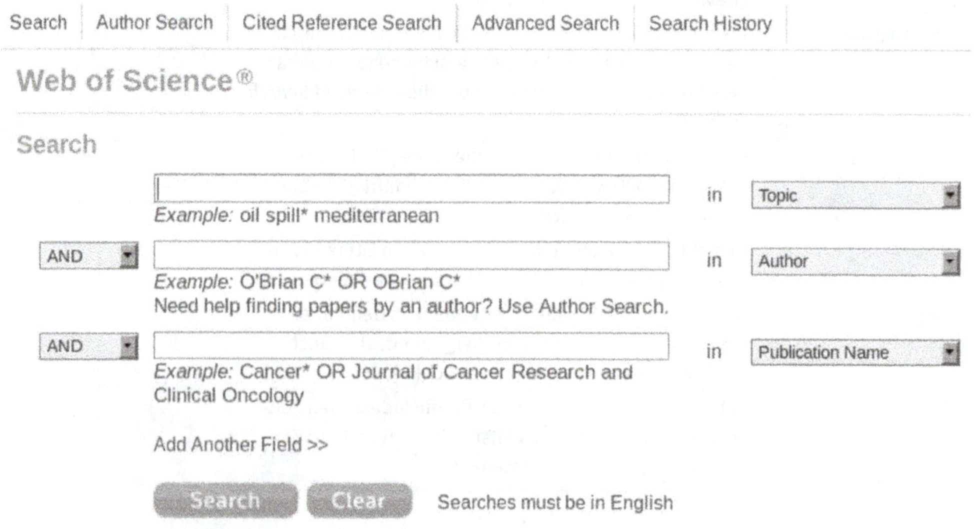

Abb. 10: Einfache Suche („Search") im Web of Science

felder bietet das Web of Science auch Indizes der zur Verfügung stehenden Suchbegriffe an, z. B. für Autorennamen, Zeitschriftentitel oder Institutionen, aus denen Sie die gewünschten Begriffe auswählen können. Der Index wird jeweils über ein Lupensymbol neben der Suchfeldkategorie angezeigt.

Wenn Sie an den Standardeinstellungen nichts verändern, werden alle in der Datenbank vorhandenen Jahrgänge sowie alle lizenzierten Datenbankteile (s. o.) durchsucht. Wenn Sie also nur innerhalb einer gewissen Zeitspanne oder nur in bestimmten Datenbankteilen (z. B. ausschließlich im SCI Expanded) suchen möchten, können Sie dies im unteren Seitenbereich entsprechend auswählen. Standardmäßig ist dort ebenfalls eine sog. *Lemmatization* (*dt.* Lemmatisierung) eingestellt, die alternative Wortformen zu den von Ihnen eingegebenen Suchbegriffen mitsucht. Wenn Sie beispielsweise nach „tooth" (Zahn) suchen, wird auch die Mehrzahl „teeth" mitgesucht. Wenn Sie dies nicht möchten, können Sie die Funktion entsprechend ausschalten. Ebenso werden Schreibvarianten von Wörtern, z. B. unterschiedliche britische und amerikanische Schreibweisen wie *behaviour* und *behavior* automatisch mitgesucht. Möchten Sie jedoch ausdrücklich nur nach einer der beiden Schreibweisen suchen, können Sie dies erreichen, indem Sie das Suchwort in Anführungszeichen setzen (z. B. „behavior").

Eine bereits durchgeführte Suche lässt sich im linken Menübereich der Ergebnisliste („Refine Results") nachträglich noch einschränken (vgl. hierzu auch Seite 41). Hierfür stehen Ihnen zahlreiche thematische und formale Kriterien zur Verfügung. Wenn Sie sich beispielsweise nur für primäre Forschungsartikel aus dem Bereich „Zellbiologie" interessieren, die seit dem Jahr 2000 veröffentlicht wurden, können Sie diese Einschränkungen vornehmen, indem Sie bei den entsprechenden Kriterien ein Häkchen setzen und auf den Button „Refine" klicken. Ebenso kann man an dieser Stelle über das Feld „Search within results for…" die Suchergebnisse weiter einschränken, indem man innerhalb der Ergebnisliste nach weiteren Begriffen sucht.

Des Weiteren können über die „Search History" verschiedene Suchanfragen auch im Nachhinein noch mit den *Booleschen Operatoren* AND bzw. OR verknüpft werden (vgl. Seite 39). Insbesondere bei komplizierten Suchanfragen bzw. wenn man in der Benutzung der Datenbank noch ungeübt ist, kann eine solch nachträgliche Kombination der Suchbegriffe hilfreich sein, um die einzelnen Suchschritte besser nachvollziehen aber auch besser kontrollieren zu können. Da in der Suchhistorie zu jeder Suchanfrage auch die Anzahl der gefundenen Treffer angezeigt wird, kann man hierbei auch ggf. auftretende

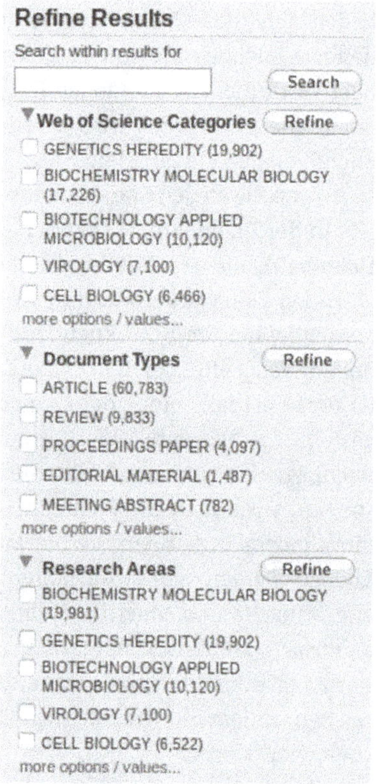

Abb. 11: Nachträgliche Einschränkungsmöglichkeiten („Refine Results") in der Ergebnisliste des Web of Science

Ungereimtheiten entdecken und seine Suchanfrage entsprechend korrigieren. Die Trefferanzahl ist jeweils als Link angelegt, über den man zu der zugehörigen Ergebnisliste zurückgelangen kann.

Erweiterte Suche

Trotz der zahlreichen Möglichkeiten, die Ihnen bereits die einfache Suche bietet, ist für kompliziertere Fragestellungen die erweiterte Suche („Advanced Search") zu empfehlen, da Ihnen dort noch mehr Suchkategorien („Field Tags") sowie weitere Suchoperatoren („Booleans") zur Verfügung stehen.

In der erweiterten Suche müssen Sie Ihre Suchanfrage mittels einer entsprechenden *Syntax* in ein Textfeld eintragen. Wenn Sie beispielsweise nach Publikationen über Lachse (engl. *Salmon*) oder Hechte (engl. *Pike*), aber nicht über Forellen (engl. *Trout*) suchen, die im Jahr 2001 in den Zeischriften Nature oder Science erschienen sind, würde Ihre Suchanfrage wie folgt lauten:

TS=((Salmon OR Pike) NOT Trout) AND PY=2001 AND SO=(Nature OR Science)

„TS" steht dabei für „Topic" (Thema), „PY" für „Year Published" (Erscheinungsjahr) und „SO" für „Publication Name" (Name/Titel der

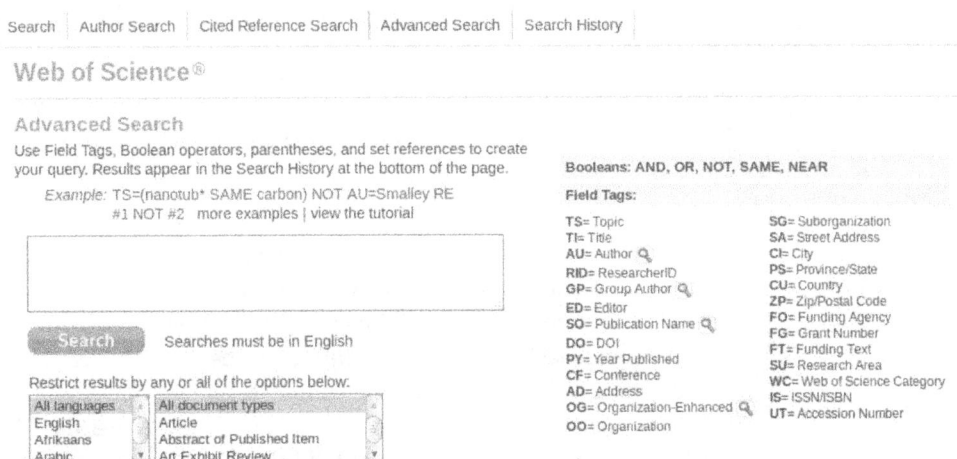

Abb. 12: Erweiterte Suche („Advanced Search") im Web of Science

Zeitschrift). Die Klammernsetzung ist zum einen dafür wichtig, dass klar ist, welche Begriffe zu welchem Feldbezeichner („Field Tag") gehören. Zum anderen werden die Suchoperatoren nach einer vorgegebenen Hierarchie ausgeführt:

1. NEAR/x
2. SAME
3. NOT
4. AND
5. OR

Mit Hilfe der Klammernsetzung kann diese Hierarchie verändert werden. Im obigen Beispiel würde ohne die Klammern um „Salmon OR Pike" nach Titeln gesucht, in denen Hechte aber keine Forellen vorkommen (NOT wird zuerst ausgewertet), sowie nach Titeln, in denen Lachse vorkommen aber durchaus auch Forellen, da sich die Wirkung des Operators NOT ohne die Klammernsetzung nicht bis zum ersten Suchbegriff erstreckt. Überlegen Sie sich daher bei der Konstruktion komplexer Suchanfragen immer genau, welche Klammern benötigt werden, und welche Auswirkungen sie haben.

Zusätzlich zu den bereits erwähnten Booleschen Operatoren AND, OR und NOT (vgl. Seite 39) stehen in der erweiterten Suche die Operatoren „SAME" und „NEAR" zur Verfügung. Der Operator SAME ist ausschließlich für die Suche nach Adressen („AD") interessant, da er in allen anderen Suchfeldern dieselben Ergebnisse liefert wie der Operator AND. Bei der Suche nach Adressen können Sie mit SAME beispielsweise speziell nach Publikationen aus dem amerikanischen Cambridge in Massachusetts suchen, ohne dabei auch die Veröffentlichungen der britischen Universität Cambridge mit zu erhalten. Als Suchanfrage müssten Sie dazu formulieren:

AD=(Cambridge SAME Massachusetts)

Hilfreich ist der Operator SAME ebenfalls, wenn es neben der Universität auch ein Universitätsklinikum gibt und Sie mit einer Suche beide Institutionen „erwischen" möchten. Hier könnten Sie dann z. B. im Adressfeld nach „Univ SAME Leipzig" suchen und finden neben „Univ Leipzig" (d. h. der Universität selbst) auch das Universitätsklinikum („Univ Hosp Leipzig", „Univ Klinikum Leipzig") oder das Universitäts-Herzzentrum („Univ Heart Ctr Leipzig", „Herzzentrum Univ Leipzig"). Solche Suchanfragen werden Ihnen im Studienalltag zwar nicht so häufig begegnen. Nichtsdestoweniger kann es nicht schaden, bereits davon gehört zu haben, denn im Rahmen der immer beliebter werdenden „Evaluationen" und „Rankings", bei denen ganze Universitäten u. a. anhand ihres Publikationsoutputs miteinander verglichen werden, wird das Web of Science oft als Datengrundlage verwendet.

Der Operator „NEAR" ist dagegen für die thematische Recherche eher von Interesse, da Sie damit nach Begriffen suchen können, die in räumlicher Nähe zueinander vorkommen. Verfeinern können Sie diese Option auch noch mit einer Zahlenangabe, wie viele Wörter maximal zwischen den beiden Suchbegriffen vorkommen dürfen. Die Suchanfrage TS=(Salmon NEAR/5 Virus) liefert Ihnen beispielsweise Treffer, in denen die Begriffe „Salmon" und „Virus" im Titel oder im Abstract maximal 5 Wörter voneinander entfernt stehen. Wenn Sie keine Zahlenangabe machen, wird als Standard die Zahl 15 verwendet.

Zitationsanalyse

Wie bereits eingangs beschrieben, ist es eine Besonderheit des Web of Science, dass über die zitierten Literaturstellen die Beziehungen zwischen Veröffentlichungen dokumentiert werden (zumindest innerhalb des Web of Science). Dies kann man sich auch für die Literaturrecherche zunutze machen, indem man über eine Zitationsanalyse auf verschiedene Weise die thematischen Suche erweitert. So kann man sich beispielsweise zu einem gefundenen Aufsatz weitere ähnliche Aufsätze („Related Records") anzeigen lassen. Die Ähnlichkeit wird dabei über die in den Aufsätzen zitierten Referenzen ermittelt. Dieser Funktionalität liegt die Annahme zugrunde, dass Artikel, die ähnliche Literatur zitieren, auch ein ähnliches Thema behandeln. Dies muss zwar nicht immer der Fall sein, aber im Großen und Ganzen ist die Annahme zutreffend. Ebenso kann man sich dem gesuchten

Thema auch über die in den gefundenen Aufsätzen zitierten Referenzen weiter nähern, die einem unter „Cited References" angeboten werden. Hier geht man davon aus, dass die Literatur, die als Grundlage für einen Artikel verwendet wurde, auch thematisch mit dem Artikel selbst verwandt ist (sonst würde sie ja nicht zitiert werden). Insbesondere trifft dies natürlich bei Übersichtsartikeln zu, die ja die referenzierte Literatur zusammenfassen. Hier kann man sich im Web of Science bequem zu den zitierten Publikationen „durchklicken" und muss nicht erst mühsam nach jedem einzelnen Artikel recherchieren.

Sowohl der Export der bibliographischen Daten als auch der Zugriff auf den Volltext der recherchierten Titel werden im Web of Science durch verschiedene technische Funktionen unterstützt: Individuell zusammengestellte Trefferlisten lassen sich ausdrucken, per E-Mail verschicken, auf lokale Datenträger abspeichern und in Literaturverwaltungsprogramme exportieren. Mit Hilfe von *Linkresolvern* kann nach lokal zugänglichen Volltexten gesucht werden bzw. die Volltexte elektronischer Publikationen lassen sich zum Teil auch direkt aufrufen. Wenn Sie sich im Web of Science (bzw. im Web of Knowledge) einen persönlichen (kostenlosen) Account einrichten, können Sie sich für Sie interessante Suchanfragen auch zur weiteren Verwendung in ihrem Account abspeichern und sich beispielsweise wöchentlich per E-Mail-Alert über Suchergebnisse informieren lassen, die neu hinzugekommen sind.

Über die hier beschriebenen Verwendungsmöglichkeiten und Beispiele hinaus werden im Web of Science für alle Teile und Funktionalitäten der Datenbank umfangreiche Hilfetexte angeboten (allerdings ausschließlich auf Englisch), deren Benutzung sehr empfehlenswert ist. Darüber hinaus bietet Thomson Reuters auf seinen Internetseiten auch diverse Online-Tutorials zur Benutzung des Web of Science an, die ebenfalls hilfreiche Hinweise bereithalten.

Linkresolver werden von Bibliotheken eingesetzt, um ihren Nutzern bei der Suche in Datenbanken die separate Verfügbarkeitsrecherche in den lokalen Bibliothekskatalogen zu ersparen und ihnen stattdessen mit einem Klick einen möglichst umfassenden Überblick zu bieten, auf welche Weise sie an den gesuchten Volltext gelangen können. Dazu nimmt der Linkresolver die bibliographischen Informationen eines Dokuments – beispielsweise in Form einer sogenannten OpenURL – entgegen und überprüft anhand dieser Daten die Verfügbarkeit in lokalen Nachweisinstrumenten, beispielsweise im OPAC oder auch in der Elektronischen Zeitschriftenbibliothek (vgl. Seite 47). Bekannte proprietäre Linkresolver sind *SFX* (ExLibris) und *LinkSolver* (Ovid). Mit *ReDI»Links* bietet beispielsweise auch die Regionale Datenbank-Information Baden-Württemberg (ReDI) ihren Teilnehmereinrichtungen einen Linkresolver an.

Linkresolver

SciVerse Scopus

Seit einigen Jahren bietet Elsevier mit **SciVerse Scopus** eine dem Web of Science ähnliche Datenbank an, die sich jedoch in den Biowissenschaften noch längst nicht so stark etabliert hat. Scopus bietet grundsätzlich ähnliche Funktionalitäten wie das Web of Science, so dass diese nun nicht im Detail beschrieben werden sollen, um unnötige Wiederholungen zu vermeiden. Darüber hinaus stehen auch für Scopus umfangreiche Hilfetexte und diverse Online-Tutorials bereit, die alle Funktionalitäten im Detail und mit vielen Beispielen erläutern.

Auch in Scopus ist eine Zitationsanalyse in ähnlicher Form möglich wie im Web of Science. Diese ist entsprechend auf die in Scopus enthaltenen Datensätze beschränkt und nur für Publikationen ab dem Erscheinungsjahr 1996 verfügbar, so dass sich Zitationszahlen zwischen dem Web of Science und Scopus in aller Regel unterscheiden, da zusätzlich zu den unterschiedlichen Auswertungszeiträumen auch die von den beiden Datenbanken ausgewerteten Quellen (Zeitschriften, Proceedings, etc.) nicht deckungsgleich sind. Für die thematische Recherche ist dies aber eher zweitrangig.

Ein für den Benutzer großes Plus von Scopus ist die Möglichkeit, sich zu einer Trefferliste mit einem Klick alle zugänglichen Volltexte herunterladen zu können, d. h. alle diejenigen Volltexte, die entweder ohnehin kostenfrei verfügbar sind, oder für die der Nutzer über seine Heimatbibliothek eine entsprechende Lizenz hat. Dies ist beim Web of Science nur jeweils beim einzelnen Dokument möglich, so dass bei langen Trefferlisten deutlich mehr Arbeit entsteht. Bevor Sie jedoch – nur weil es so leicht möglich ist – eine große Anzahl an Volltexten herunterladen, sollten Sie sich zunächst gut überlegen, ob Sie die Texte auch wirklich alle benötigen (auch wenn Speicherplatz heutzutage praktisch kein limitierender Faktor mehr ist), da Sie sonst leicht den Überblick verlieren und am Ende ohnehin nicht alles wirklich lesen können.

Nachteilig ist dagegen die bei Scopus eingeschränkte Möglichkeit, die Metadaten einer Trefferliste komplett herunterzuladen, z. B. in ein Literaturverwaltungssystem. Hier können bei einer Suche maximal 2000 Datensätze angezeigt und heruntergeladen werden, während man im Web of Science beliebig große Treffermengen erzeugen und auch alle zugehörigen Datensätze herunterladen kann, wenngleich dies nur in „Häppchen" von 500 Datensätzen möglich ist. Da es im Alltag jedoch wohl eher selten vorkommt, dass man eine Liste mit mehr als 2000 Treffern komplett herunterladen möchte, sei dies nur am Rande erwähnt.

Drei weitere Fachdatenbanken, die in den vergangenen Jahren von Thomson Reuters in das Portal *Web of Knowledge* integriert wurden,

Steckbrief SciVerse Scopus	
Typ:	lizenzpflichtige bibliographische Datenbank
Anbieter:	Elsevier
Zugang:	über Ihre Informationseinrichtung / Heimatbibliothek
Umfang:	> 49 Mio. Datenbankeinträge aus rund 19 500 Fachzeitschriften
thematisch:	alle Bereiche der Naturwissenschaften, Medizin, Ingenieurwissenschaften, Sozialwissenschaften und Geisteswissenschaften
geographisch:	weltweit (Schwerpunkt: Europa)
sprachlich:	englisch (auch fremdsprachige Publikationen sind mit englischsprachigen Metadaten nachgewiesen)
zeitlich:	je nach Quelle ab 1823 (mehrheitlich ab 1996) bis heute
Aktualisierung:	täglich (Zuwachs: rund 2 Mio. Einträge pro Jahr)
Merkmale:	Sacherschließung mit verschiedenen Thesauri (z. B. MeSH); Erfassung der Referenzen für alle Datensätze ab dem Jahr 1996; Zitationsanalysen möglich
Suchoberfläche:	SciVerse; Auswahl verschiedener Fachausschnitte der Datenbank; komplexe Suchanfragen über die *Advanced Search* möglich
Ergebnisanzeige:	übersichtlich; vielfältige Facettierungs-/Drill-Down-Möglichkeiten; Kombination von Suchanfragen über *Search History* möglich
Weiterverarbeitung:	Speichern, Drucken, E-Mail, Download in Literaturverwaltungsprogramme, Personalisierung und Alerts
Vorteile:	umfangreiche, fachübergreifende neue Datenbank; einfache Bedienbarkeit, aber auch hochkomplexe Anwendungsmöglichkeiten
Nachteile:	Berichtszeitraum mehrheitlich noch sehr kurz (nur bis 1996); Zitationsanalysen nur zeitlich eingeschränkt möglich; max. 2000 Suchergebnisse anzeig- bzw. downloadbar

sind *BIOSIS Previews* bzw. der *BIOSIS Citation Index*, der *Zoological Record* sowie *MEDLINE*. Da diese drei Datenbanken unter derselben Oberfläche angeboten werden, wie das Web of Science, sind auch die oben beschriebenen Funktionalitäten für diese drei Datenbanken weitestgehend ähnlich. Während das Web of Science auch andere Naturwissenschaften umfasst, sind die beiden Datenbanken BIOSIS Previews und Zoological Record auf biowissenschaftliche Inhalte fokussiert.

BIOSIS Previews ist die weltweit größte und umfassendste bibliographische Datenbank im Bereich der Biowissenschaften. Sie vereinigt die Inhalte der ehemals gedruckten Bibliographien *Biological Abstracts* und *Biological Abstracts/Reports, Reviews, Meetings* und führt diese laufend fort. Die Datenbank umfasst alle Gebiete der Biologie sowie der Biomedizin. Die Inhalte gehen dabei zurück bis ins Jahr 1926. Die Archivjahrgänge 1926-2004 stehen zusätzlich über den Datenbankanbieter *Ovid* als kostenlos nutzbare Nationallizenz zur Verfügung.

Title: **Risk Assessment of the Introduction of H5N1 Highly Pathogenic Avian Influenza as a Tool to be Applied in Prevention Strategy Plan**
Author(s): Corbellini, L. G.; Pellegrini, D. C. P.; Dias, R. A.; et al.
Source: Transboundary and Emerging Diseases Volume: **59** Issue: **2** Pages: **106-116** DOI: **10.1111/j.1865-1682.2011.01246.x** Published: **APR 2012**
Times Cited: **0** (from BIOSIS Citation Index)

UB Freiburg ⟫ Links [⊞ View abstract]

Abb. 13: Kurztitelanzeige in der Datenbank BIOSIS Citation Index mit Link zum Volltext über den ReDi-Linkresolver (UB Freiburg)

Als speziell biowissenschaftliche Datenbank bietet BIOSIS Previews zu den katalogisierten Publikationen spezielle Sacherschließungsdaten in Form von:

- Concept Codes
- Chemical Data (Chemical Name, Chemical Variant, Drug Modifier, Chemical Role, Chemical Process, Enzyme Commission, Chemical Detail)
- Disease Data (Term, Variant, MeSH Term, Disease Affiliation, Details)
- Gene Name Data (Term, Variant, Details)
- Geographical Data (Term, Variant, Geopolitical Terms, Zoogeographical Region)
- Geologic Time Data (Term, Classifier, Detail)
- Major Concepts
- Methods & Equipment Data (Term, Variant, Supplier, Role, Detail)
- Parts & Structure Data (Term, Variant, Organ Systems, Detail)
- Sequence Data (Accession No., Data Bank, Sequence CAS Number, Details)
- Research Areas
- Taxonomic Data (Super Taxa, Taxa Notes, Organism Classifier, Organism Name, Variant, Details)

Wenn Sie innerhalb des Web of Knowledge in BIOSIS Previews bzw. im BIOSIS Citation Index im Feld „Topic" suchen, werden neben Titel (in Englisch und so vorhanden auch in Originalsprache) und Abstract all diese Sacherschließungsfelder sowie das Feld „Miscellaneous Descriptors" durchsucht, das Begriffe und Phrasen aus dem Quelldokument enthält. Wenn Sie nur einzelne dieser Felder bzw. Feldergruppen durchsuchen möchten, steht Ihnen dafür die „Advanced Search" mit den entsprechenden Feldbezeichnungen („Field Tags") zur Verfügung.

Steckbrief BIOSIS Previews / BIOSIS Citation Index	
Typ:	lizenzpflichtige bibliographische Datenbank
Anbieter:	Thomson Reuters
Zugang:	über Ihre Informationseinrichtung / Heimatbibliothek
Umfang:	> 18 Mio. Datenbankeinträge aus über 5000 Fachzeitschriften
thematisch:	Biowissenschaften, Biochemie, Biomedizin, Biotechnologie
geographisch:	weltweit
sprachlich:	englisch (auch fremdsprachige Publikationen sind mit englischsprachigen Metadaten nachgewiesen)
zeitlich:	je nach Quelle ab 1926 bis heute
Aktualisierung:	wöchentlich (Zuwachs: rund 500 000 Einträge pro Jahr)
Merkmale:	umfangreiche Sacherschließung (thematisch, taxonomisch, chemisch, geographisch); komplette Erfassung der Referenzen; umfangreiche Zitationsanalysen möglich
Suchoberfläche:	Web of Knowledge; komplexe Suchanfragen über die *Advanced Search* möglich
Ergebnisanzeige:	übersichtlich; vielfältige Facettierungs-/Drill-Down-Möglichkeiten; Kombination von Suchanfragen über *Search History* möglich
Weiterverarbeitung:	Speichern, Drucken, E-Mail, Download in Literaturverwaltungsprogramme, Personalisierung und Alerts
Vorteile:	traditionsreiche und umfassendste biowissenschaftliche Datenbank; einfache Bedienbarkeit, aber auch hochkomplexe Anwendungsmöglichkeiten
Nachteile:	keine

Für den Zeitraum 1970 bis 1996 gibt es in Form der Datenbank *BioLIS* für den deutschsprachigen Raum noch eine Ergänzung zu den Biological Abstracts. In BioLIS wurden über 1000 Zeitschriften und Reihen aus Deutschland, Österreich und der Schweiz ausgewertet, die in den Biological Abstracts nicht enthalten sind. BioLIS wurde ursprünglich am ehemaligen *Informationszentrum für Biologie* (IZB) des Forschungsinstituts Senckenberg in Frankfurt am Main entwickelt. Seit 2005 wird die Datenbank als lizenzfreie Ressource von der Universitätsbibliothek

BioLIS

Johann Christian Senckenberg in Frankfurt am Main (UB Frankfurt) zur Verfügung gestellt. BioLIS ist ebenfalls über den virtuellen Katalog der Virtuellen Fachbibliothek Biologie (vifabio; s. auch Seite 64) durchsuchbar.

Zoological Record

Der **Zoological Record** enthält – wie der Name schon suggeriert – hauptsächlich zoologische Fachliteratur mit einem Schwerpunkt auf systematischen bzw. taxonomischen Informationen, die bis ins Jahr 1864 zurückreichen. Neben seiner Funktion als bibliographische Fachdatenbank gilt der Zoological Record auch als ein inoffizielles Register der wissenschaftlichen Namen in der Zoologie, da die Datenbank ca. 90 % der weltweit erscheinenden zoologischen Literatur auswertet. Die Archivjahrgänge 1864-2007 stehen zusätzlich über den Datenbankanbieter *Ovid* als kostenlos nutzbare Nationallizenz zur Verfügung.

Ähnlich wie BIOSIS Previews bietet auch der Zoological Record spezielle Sacherschließungsdaten, die zur thematischen Suche verwendet werden können:

- Broad Terms
- Descriptors
- Super Taxa
- Systematics / Organism (Organism Classifier, Organism Name, Organism Author Date, Systematics Controlled Term, Systematics Modifier, Organism Role, Fossil Indicator, Organism Detail)
- Taxa Notes

Auch im Zoological Record werden innerhalb des Web of Knowledge bei der Suche im Feld „Topic" neben Titel und Abstract die Felder „Broad Terms", „Descriptors Data", „Super Taxa", „Systematics" und „Taxa Notes" mit durchsucht. Der Großteil der verwendeten Erschließungsdaten stammt dabei aus dem Thesaurus des Zoological Record, der aus den fünf Haupt-Hierarchien „Subject", „Geographical", „Palaeontological", „Systematic" und „Taxa Notes" aufgebaut ist. Sie können den Thesaurus auch zum Browsen verwenden, um nach passenden Schlagwörtern zu suchen und deren Position in der Hierarchie herauszufinden.

Thesaurus

Unter einem **Thesaurus** versteht man eine systematisch geordnete Sammlung von Begriffen, die ein bestimmtes Fachgebiet möglichst umfassend beschreiben und die durch Beziehungen miteinander verbunden sind. Eine solche Begriffssammlung wird auch als *kontrolliertes Vokabular* bezeichnet. Die Beziehungen zwischen den Begriffen beschreiben dabei hauptsächlich, ob es sich um gleichbedeutende Begriffe – also *Synonyme* – oder aber um *Ober-* und *Unterbegriffe* handelt. Auch *verwandte Begriffe* können zueinander in Beziehung gesetzt sein.

Steckbrief Zoological Record

Typ:	lizenzpflichtige bibliographische Datenbank
Anbieter:	Thomson Reuters
Zugang:	über Ihre Informationseinrichtung / Heimatbibliothek
Umfang:	> 3,5 Mio. Datenbankeinträge aus über 6500 Fachzeitschriften
thematisch:	Zoologie mit Schwerpunkt Taxonomie
geographisch:	weltweit
sprachlich:	englisch (auch fremdsprachige Publikationen sind mit englischsprachigen Metadaten nachgewiesen)
zeitlich:	je nach Quelle ab 1864 bis heute
Aktualisierung:	wöchentlich (Zuwachs: rund 75 000 Einträge pro Jahr)
Merkmale:	umfangreiche Sacherschließung (u. a. durch einen eigenen Thesaurus); detaillierte taxonomische Indexierung; komplette Erfassung der Referenzen; umfangreiche Zitationsanalysen möglich
Suchoberfläche:	Web of Knowledge; komplexe Suchanfragen über die *Advanced Search* möglich
Ergebnisanzeige:	übersichtlich; vielfältige Facettierungs-/Drill-Down-Möglichkeiten; Kombination von Suchanfragen über *Search History* möglich
Weiterverarbeitung:	Speichern, Drucken, E-Mail, Download in Literaturverwaltungsprogramme, Personalisierung und Alerts
Vorteile:	traditionsreiche und weltweit führende taxonomische Zoologie-Datenbank; „inoffizielles" Register der Artnamen; einfache Bedienbarkeit, aber auch hochkomplexe Anwendungsmöglichkeiten
Nachteile:	keine

Die Datenbank **MEDLINE** hingegen hat ihren Schwerpunkt im Bereich der Medizin und Biomedizin, deckt aber auch Randbereiche der Biologie (Zoologie & Botanik) ab. Darüber hinaus ist auch Literatur zum Gesundheitswesen, zur Krankenpflege und zur biologischen Verfahrenstechnik enthalten. MEDLINE wird von der amerikanischen *National Library of Medicine* (NLM) gepflegt. Die Inhalte reichen bis ins Jahr 1950 zurück. MEDLINE ist als einzige der bisher vorgestellten Datenbanken auch kostenfrei im Internet verfügbar (*via* PubMed), d. h. um sie nutzen zu können, muss man nicht zwingend den Weg über das Web of Knowledge gehen. Dort kann sie einem jedoch insbesondere dann von Nutzen sein, wenn man in mehreren oder allen im Web of Knowledge enthaltenen Datenbanken gleichzeitig suchen möchte. Die Inhalte von MEDLINE sind über die sog. *Medical Subject Headings*

MEDLINE

(MeSH) erschlossen, die ein speziell auf medizinische Themen ausgelegtes kontrolliertes Vokabular darstellen.

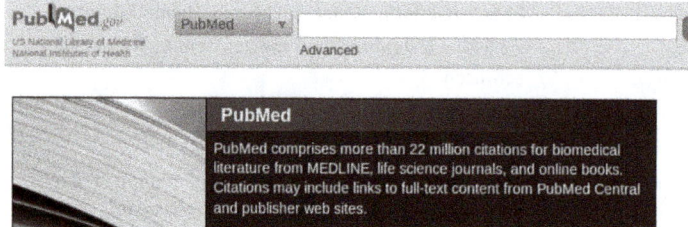

Abb. 14: Einstiegsseite der kostenfrei zugänglichen Datenbank PubMed, über die u. a. die Inhalte der Datenbank MEDLINE durchsucht werden können

Tipp

Schauen Sie sich die Suchoberflächen bzw. die Suchmöglichkeiten von Datenbanken immer in Ruhe an und probieren Sie die verschiedenen Funktionen aus. Verwenden Sie hierbei auch verschiedene Suchbegriffe, Suchkategorien und Verknüpfungen. Die Zeit, die Sie dafür einsetzen, lohnt sich und trägt dazu bei, Ihre Suchresultate noch weiter zu verbessern.

1.3 Internetsuchmaschinen

Internetsuchmaschinen

Einige von Ihnen werden sich bei der Lektüre des bisherigen Textes vielleicht bereits gefragt haben, weshalb man überhaupt wissenschaftlichen Datenbanken braucht, wo es doch auch frei zugängliche **Internetsuchmaschinen** – allen voran Google – gibt. Wenn Sie ausschließlich auf der Suche nach bestimmten Fakten sind oder sich zu einem Thema einen ersten Überblick verschaffen wollen, ist diese Frage durchaus berechtigt. Denn in diesen Fällen bieten Internetsuchmaschinen zweifelsohne eine schnelle und unkomplizierte Möglichkeit um an die gesuchten Informationen zu kommen. Problematisch wird die Situation jedoch dann, wenn Sie nach Inhalten suchen, die sich im sog. *Deep Web* oder *Invisible Web* befinden, also in Dokumenten, die von den Suchmaschinen nicht durchsucht bzw. indexiert werden können. Dies kann beispielsweise bei zugangsbeschränkten oder passwortgeschützten Dokumenten, aber insbesondere auch bei dynamisch generierten Webseiten der Fall sein, deren Inhalte erst im Moment der Anforderung aus einer Datenbank erzeugt werden. Da sich wissenschaftliche Aufsätze bzw. die Inhalte von Fachbibliographien oft in diesem für Suchmaschinen unzugänglichen *Deep Web* befinden, sollte

Steckbrief MEDLINE	
Typ:	lizenzpflichtige bibliographische Datenbank (kostenfreier Zugang via PubMed)
Anbieter:	Thomson Reuters / National Library of Medicine (USA)
Zugang:	über Ihre Informationseinrichtung / Heimatbibliothek
Umfang:	> 22 Mio. Datenbankeinträge aus über 5200 Fachzeitschriften
thematisch:	Medizin (inkl. Zahn- und Tiermedizin), Biowissenschaften, Chemie, Biotechnologie, Krankenpflege, Gesundheitswesen, Psychologie
geographisch:	weltweit
sprachlich:	englisch (auch fremdsprachige Publikationen sind mit englischsprachigen Metadaten nachgewiesen)
zeitlich:	je nach Quelle ab 1947 bis heute
Aktualisierung:	wöchentlich (Zuwachs: rund 500 000 Einträge pro Jahr)
Merkmale:	umfangreiche Sacherschließung durch die Medical Subject Headings (MeSH) und die CAS Registry Numbers; komplette Erfassung der Referenzen; umfangreiche Zitationsanalysen möglich
Suchoberfläche:	Web of Knowledge; komplexe Suchanfragen über die *Advanced Search* möglich
Ergebnisanzeige:	übersichtlich; vielfältige Facettierungs-/Drill-Down-Möglichkeiten; Kombination von Suchanfragen über *Search History* möglich
Weiterverarbeitung:	Speichern, Drucken, E-Mail, Download in Literaturverwaltungsprogramme, Personalisierung und Alerts
Vorteile:	traditionsreiche biomedizinische Datenbank; einfache Bedienbarkeit, aber auch hochkomplexe Anwendungsmöglichkeiten
Nachteile:	via Thomson Reuters lizenzpflichtig

man sich bei einer umfassenden wissenschaftlichen Recherche nicht ausschließlich auf Internetsuchmaschinen verlassen.

Umgekehrt kann man jedoch auch mit Hilfe von Internetsuchmaschinen Dokumente finden, die in Datenbanken nicht verzeichnet sind, so dass sich Internet- und Datenbanksuche sinnvoll ergänzen können. Dabei sollten Sie jedoch einige wichtige Punkte beachten.

1. Während es bei wissenschaftlichen Datenbanken in der Regel eine vom Herausgeber/Betreiber festgelegte Qualitätskontrolle bzw. Selektionskriterien gibt, nach denen entschieden wird, welche Inhalte in die Datenbank aufgenommen werden, müssen Sie die im Rahmen einer Internetrecherche gefundenen Dokumente selbst

auf ihre Verlässlichkeit bzw. wissenschaftliche Qualität hin prüfen. Ein Hinweis auf qualitätsgeprüfte Inhalte kann z. B. die Angabe sein, dass der Text von anderen Wissenschaftlern begutachtet wurde. Dies wird meist als *peer review(ed)* bezeichnet (vgl. auch Seite 49).
2. Im Gegensatz zu bibliographischen Datenbanken können Sie bei Internetrecherchen meist die Volltexte von Online-Dokumenten durchsuchen. Dies bietet zwar einerseits den Vorteil, dass Sie auch nach Begriffen suchen können, die nicht im Titel oder in der Kurzzusammenfassung (*Abstract*) vorkommen. Andererseits führt dies bei allgemeinen bzw. häufig vorkommenden Begriffen zu unüberschaubar großen Treffermengen. Daher sollten Sie sich im Vorfeld Ihre Suchbegriffe sorgfältig überlegen und ihre Suchanfrage möglichst präzise formulieren. Gegebenenfalls kann auch die Verwendung der erweiterten Suche zu präziseren Treffermengen führen.

Tipp

Auch Internetsuchmaschinen bieten i. d. R. Hilfetexte zu ihrer Suchfunktion bzw. den Möglichkeiten einer erweiterten Suche an. Nehmen Sie sich die Zeit, um diese zu lesen und die Funktionsweise der Suche zu verstehen. Dies kann Ihnen zeitaufwendiges Ausprobieren bei der Recherche ersparen.

3. Wissenschaftliche Datenbanken verzeichnen nicht nur Dokumente mit ihren zugehörigen Metadaten, sondern sie erschließen diese auch inhaltlich, meist über Sachschlagworte bzw. mittels einer Klassifikation oder eines Thesaurus. Dies bietet den großen Vorteil, dass man bei einer thematischen Recherche (s. Seite 35) auch Dokumente finden kann, die zu dem gesuchten Thema passen, in denen aber z. B. der Suchbegriff selbst nicht vorkommt. Auch Dokumente in verschiedenen Originalsprachen lassen sich dabei über eine einheitliche Datenbanksprache gemeinsam erfolgreich durchsuchen. Diese Voraussetzungen sind bei einer Internetrecherche, bei der volltextindexierte Dokumente anhand des Suchindexes durchsucht werden, nicht gegeben. Demzufolge werden bei der Suche mit deutschsprachigen Begriffen auch nur Dokumente in deutscher Sprache gefunden oder Dokumente, die zwar thematisch passend sind, werden nicht gefunden, weil der spezifische Suchbegriff darin nicht vorkommt.

1.3.1 Allgemeine Suchmaschinen

Allgemeine Suchmaschinen

Die bekannteste Suchmaschine ist zweifelsohne **Google** – so bekannt, dass bereits im Jahr 2004 das Verb *googeln* Einzug in den Duden gefunden hat. Dies verdankt Google vor allem der immensen Zahl an Dokumenten, die für den Suchindex aufbereitet werden, sowie dem sehr präzisen Ranking der Suchergebnisse, durch das fast immer die wichtigsten Dokumente unter den ersten Treffern der Suche sind. Darüber hinaus versucht Google mit einer Vielzahl von weiteren Diensten und Angeboten (z. B. Google Maps, Gmail, Google+) seine Nutzer an sich zu binden und damit auch die Google-Suche weiter als Standardsuchmaschine zu etablieren. Mit *Google Scholar* (s. Seite 33) und *Google Bücher* bzw. *Google Books* sind darunter auch für die wissenschaftliche Arbeit einige hilfreiche Angebote enthalten.

Ein Großteil der Beliebtheit von Google ist auf die einfache Bedienbarkeit mit der schlichten Eingabezeile (dem charakteristischen „Google-Schlitz") zurückzuführen, sowie auf die zahlreichen Hilfsangebote wie automatische Wortergänzung bereits beim Eintippen des Suchbegriffs, Vorschläge von häufig in Kombination miteinander gesuchten Begriffen und bei Tippfehlern das Angebot „Meinten Sie: … ". Standardmäßig werden die eingegebenen Suchbegriffe mit UND verknüpft, so dass (überwiegend) nur Ergebnisse angezeigt werden, die alle Suchbegriffe enthalten. Werden mehrere Suchbegriffe in Anführungszeichen gesetzt, wird nach genau dieser Wortfolge (Phrase) gesucht.

Von vielen Nutzern meist unentdeckt bleibt die *erweiterte Suche* von Google, die diverse Möglichkeiten zur Präzisierung der Suche bzw. zur Eingrenzung von Ergebnissen bietet. Hier können Sie z. B. unerwünschte Begriffe gezielt von der Suche ausschließen, die Suche auf bestimmte Sprachen und/oder Länder einschränken, oder aber auch auswählen, ob die Suchbegriffe irgendwo auf der Seite (Standard), im Text, im Titel, im URL oder in Links zu der Seite vorkommen sollen.

Doch trotz dieser vielen Möglichkeiten und der hohen Leistungsfähigkeit der Suche gelten auch für Google die oben beschriebenen Einschränkungen. Das *Deep Web* ist auch für Google nicht zugänglich und die immensen Trefferzahlen machen eine umfassende Bewertung der Suchergebnisse nicht wirklich einfach.

Neben Google gibt es noch eine Vielzahl weiterer Suchmaschinen, die nach denselben Prinzipien, also indexbasiert, arbeiten. Zu nennen sind hier vor allem **Bing**, der Suchdienst von Microsoft, **Yahoo!** und **Ask.com** (früher bekannt als „Ask Jeeves"). Seit 2009 basiert die Yahoo-Suche jedoch auch auf der Technologie von Bing. Aufgrund der unterschiedlichen Indizes und der unterschiedlichen Kriterien für das Ranking kann es durchaus empfehlenswert sein, ein und dieselbe Suchanfrage in mehreren indexbasierten Suchmaschinen auszuführen.

Abb. 15: Google, Suchoberfläche der erweiterten Suche

1.3.2 Wissenschaftliche Suchmaschinen

Wissenschaftliche Suchmaschinen

Der Unterschied zwischen allgemeinen und **wissenschaftlichen Suchmaschinen** besteht im Wesentlichen in der Zusammensetzung des Dokumentenpools, der durchsucht wird. Während allgemeine Suchmaschinen das gesamte verfügbare Web durchsuchen, beschränken sich wissenschaftliche Suchmaschinen auf wissenschaftlich relevante Dokumente, indem sie z. B. bestimmte Dokumentenserver (Repositorien) oder aber auch die Webseiten von wissenschaftlichen Verlagen durchsuchen. Durch diese Einschränkung verringert sich zwar die absolute Anzahl der Treffer bei einer Suchanfrage, allerdings haben die gefundenen Dokumente für eine wissenschaftliche Recherche in der Regel eine wesentlich höhere Relevanz.

Auch auf dem Gebiet der wissenschaftlichen Suchmaschinen bietet Google mit **Google Scholar** einen leistungsfähigen Dienst an, dessen Suchmöglichkeiten im Bereich der Verlagspublikationen nur durch eine gemeinsame Vereinbarung zwischen Google und den beteiligten Verlagen realisiert werden konnte. Mit Google Scholar kann dadurch auch ein Teil des *Deep Web* durchsucht werden. Die Suchergebnisse werden, ähnlich wie in Google selbst, basierend auf einem spezifischen Ranking-Algorithmus angezeigt. Eine inhaltliche Erschließung wie in wissenschaftlichen Datenbanken erfolgt nicht. Dafür werden jedoch die meisten Dokumente im Volltext indiziert, auch wenn dem Nutzer der ggf. kostenpflichtige Volltext im Anschluss nicht ohne eine entsprechend vorhandene (Bibliotheks-)Lizenz angezeigt wird.

In Analogie zu den bereits erwähnten Datenbanken *Web of Science* und *Scopus* erschließt auch Google Scholar dem Nutzer die Zitationsbeziehungen zwischen den indexierten Dokumenten. So wird zum einen angegeben, wie viele Dokumente aus dem Gesamtpool ein betrachtetes Dokument zitieren. Diese Dokumente lassen sich dann über einen entsprechenden Link („Zitiert durch …") anzeigen. Zum anderen ist auch eine Form der Ähnlichkeitsrecherche möglich („Ähnliche Artikel"), die jedoch anders als beim Web of Science nicht ausschließlich auf den Übereinstimmungen zwischen den Referenzlisten der Dokumente beruht, sondern auf einer von Google Scholar nicht näher definierten thematischen Ähnlichkeit.

MEGA2: molecular evolutionary **genetics** analysis software   oxfordjournals.org [PDF]
S Kumar, K Tamura, IB Jakobsen, M Nei - Bioinformatics, 2001 - Oxford Univ Press   UB Freiburg»Links
Summary: We have developed a new software package, Molecular Evolutionary **Genetics** Analysis version 2 (MEGA2), for exploring and analyzing aligned DNA or protein sequences from an evolutionary perspective. MEGA2 vastly extends the capabilities of MEGA version …
Zitiert durch: 6644   Ähnliche Artikel   Alle 29 Versionen

Genetics of life history in Drosophila melanogaster. I. Sib analysis of adult females   genetics.org [PDF]
MR Rose, B Charlesworth - **Genetics**, 1981 - **Genetics** Soc America   UB Freiburg»Links
ABSTRACT A sib analysis of adult life-history characters was performed on about twelve hundred females from a laboratory Drosophila melanogaster population that had been sampled from nature and cultured so as to preserve its genetic variability. The following …
Zitiert durch: 306   Ähnliche Artikel   Alle 8 Versionen

Abb. 16: Trefferanzeige in Google Scholar

Des Weiteren bietet auch Google Scholar zu den gefundenen Dokumenten über einen Linkresolver Zugang zu den Lizenzangeboten von Bibliotheken, sowie bei Büchern über den Link „Bibliothekssuche" eine

› BASE

Weiterleitung zum *WorldCat* an, in dem man die nächstgelegene Bibliothek ermitteln kann, die den betreffenden Titel im Bestand hat.

Die Universitätsbibliothek Bielefeld stellt mit der **Bielefeld Academic Search Engine (BASE)** eine leistungsstarke, nicht-kommerzielle wissenschaftliche Suchmaschine zur Verfügung. Der Suchindex von BASE umfasst derzeit (Stand: Dezember 2012) über 40 Mio. Dokumente aus gut 2400 Quellen. Von BASE werden hauptsächlich Inhalte von wissenschaftlichen Repositorien bzw. Dokumentenservern indexiert, die ihre Metadaten via OAI-PMH („*Open Archives Initiative Protocol for Metadata Harvesting*") zur Verfügung stellen. Während sich der Suchindex von BASE zu Beginn auf kostenfrei zugängliche Open-Access-Publikationen beschränkte, da in den Repositorien zunächst nur solche Dokumente enthalten waren, werden in BASE inzwischen auch kostenpflichtige Dokumente bzw. deren Metadaten gefunden, sofern diese in einer der durchsuchten Quellen nachgewiesen sind. Zugang zu den kostenpflichtigen Volltexten besteht dann selbstverständlich nur, wenn man selbst bzw. die eigene Bibliothek eine entsprechende Lizenz besitzt. Für die Recherche in BASE steht standardmäßig eine einfache Suche über alle Felder zur Verfügung. Die erweiterte Suche bietet darüber hinaus zahlreiche Suchkriterien und Operatoren für komplexere Suchanfragen. Im Gegensatz zu Google Scholar durchsucht BASE ausschließlich die *Metadaten* der Dokumente, jedoch *nicht* deren Volltexte.

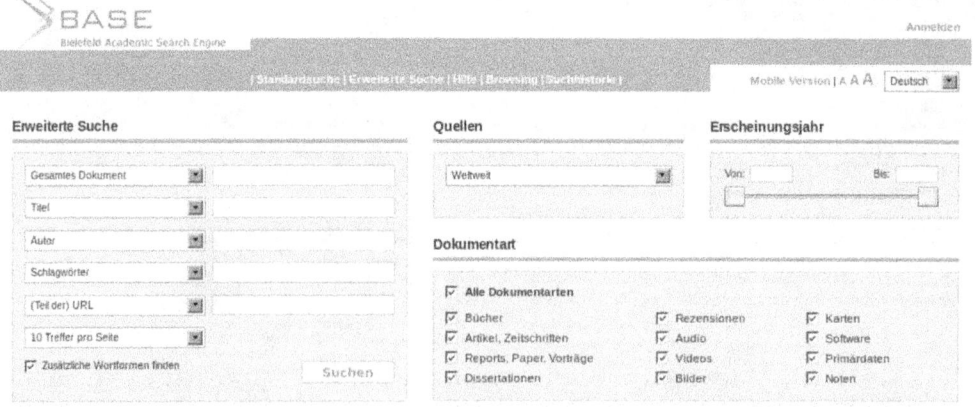

Abb. 17: Erweiterte Suche in der wissenschaftlichen Suchmaschine BASE

OAIster
Find the pearls

Mit **OAIster** wurde an der Universitätsbibliothek Michigan bereits etwas früher als BASE ebenfalls eine Suchmaschine für Open-Access-

Dokumente entwickelt, die jedoch mit rund 25 Mio. indexierten Dokumenten aus ca. 1100 Quellen einen geringeren Umfang hat als BASE. OAIster wurde zu Beginn des Jahres 2009 vom Bibliotheksdienstleister OCLC übernommen und in dessen Datenbank *WorldCat* integriert. Die Inhalte von OAIster können dort einerseits über einen separaten Zugang durchsucht werden, werden andererseits aber auch von OCLC im Rahmen von kostenpflichtigen Angeboten zugänglich gemacht.

Die an der Universität St. Gallen entwickelte Plattform **ScientificCommons** bietet eine weitere Möglichkeit der Recherche nach frei zugänglichen wissenschaftlichen Publikationen, die ebenfalls mit Hilfe des OAI-PMH-Protokolls von Repositorien und Open-Access-Archiven eingesammelt werden. Im Gegensatz zu BASE indexiert ScientificCommons jedoch auch die in den Repositorien bzw. Archiven verfügbaren Volltexte der Publikationen. Die Suchmöglichkeiten beschränken sich in ScientificCommons auf eine einfache Volltextsuche. Eine erweiterte Suche wird nicht angeboten.

Ähnlich wie Google Scholar durchsucht die vom Verlag Elsevier angebotene Suchmaschine **Scirus** nicht nur wissenschaftliche Repositorien, sondern auch die Datenbanken von wissenschaftlichen Verlagen und Patentämtern, sowie Webseiten von Universitäten und Forschungseinrichtungen. Auch hier gilt es jedoch zu beachten, dass der Zugang zu den Volltexten von kostenpflichtigen Dokumenten vom Vorhandensein einer entsprechenden Lizenz abhängig ist. In Scirus kann sowohl per einfacher als auch per erweiterter Suche recherchiert werden. Ebenso ist eine Suche nach „ähnlichen Dokumenten" möglich.

Abb. 18: Zentraler Sucheinstieg der wissenschaftlichen Suchmaschine Scirus

2 Wie suche ich?

Dieses Buch kann und soll Ihnen nicht die Suchmöglichkeiten und -strategien in einzelnen Katalogen oder Datenbanken im Detail erklären. Das würde einerseits den Rahmen dieses Bandes bei weitem sprengen und andererseits bieten sowohl Bibliothekskataloge als auch

Suchstrategie

Datenbanken i. d. R. umfangreiche Hilfetexte an, in denen die Funktionen und Besonderheiten des betreffenden Werkzeugs im Detail erklärt werden.

Unabhängig von dem verwendeten Suchinstrument gibt es aber einige grundlegende Gemeinsamkeiten, die für alle Literaturrecherchen gelten. Wenn Sie diese im Prinzip verstanden haben, können Sie sie problemlos auf die jeweiligen Gegebenheiten in den einzelnen Katalogen oder Datenbanken übertragen und erfolgreich Literatur finden.

Hierarchische Herangehensweise

Grundsätzlich empfiehlt sich bei der thematischen Recherche eine *hierarchische Herangehensweise*, d. h. wenn Sie noch keine konkreten Vorstellungen davon haben, in welcher Form (gedruckt, elektronisch, ganzes Buch, Buchkapitel, Zeitschriftenaufsatz, etc.) Literatur zu Ihrem Thema erschienen ist, suchen Sie zunächst im Katalog Ihrer (Universitäts-)Bibliothek und erweitern Ihren Suchradius sukzessive auf Verbund- und Metakataloge und schließlich auf (Fach-)Datenbanken.

Bevor Sie mit der Suche beginnen können, sollten Sie sich zunächst Ihre *Suchbegriffe überlegen* und in einem zweiten Schritt eine geeignete *Suchstrategie entwickeln*. Wie Sie dabei am besten vorgehen, erfahren Sie in den nächsten beiden Abschnitten.

2.1 Suchbegriffe überlegen

Suchbegriffe

Wenn Sie – beispielsweise in Ihrer Bachelor- oder Masterarbeit – ein neues (Forschungs-)Thema bearbeiten möchten, sollten Sie damit beginnen, sich sehr gut zu überlegen, wie Sie Ihr Thema bzw. Ihre Fragestellung am besten in *aussagekräftige Suchbegriffe* „übersetzen" können. Auch wenn immer mehr Bibliothekskataloge (und in geringerem Umfang auch Datenbanken) einen „Google-Schlitz" als Sucheinstieg anbieten, führen dort Suchanfragen mit ganzen Sätzen in den seltensten Fällen zum gewünschten Erfolg. Dies liegt vor allem daran, dass in der großen Mehrzahl der Kataloge und Datenbanken keine Volltexte sondern nur die Metadaten der Texte durchsucht werden.

Wenn Sie also beispielsweise den *Einfluss des Klimawandels auf die Biodiversität in der Arktis* untersuchen möchten, können Sie das Thema zunächst in drei Einzelbegriffe zerlegen:

- Klimawandel
- Biodiversität
- Arktis

Wenn Sie nun mit diesen drei Begriffen recherchieren, werden Sie sicherlich bereits eine ganze Menge an Dokumenten finden, die für Ihr Thema relevant sind. Doch was ist z. B. mit einem Aufsatz über *die Folgen der globalen Erwärmung für die Artenvielfalt im Nordpolarmeer*? Wäre dieser auch für Ihre Fragestellung interessant? Höchstwahrscheinlich! Bereits an diesem einfachen Beispiel lässt sich gut erkennen, dass es sich lohnt, beim Erstellen der Suchwortliste sorgfältig vorzugehen und sich neben den „Hauptbegriffen" auch über *Synonyme* und *verwandte Begriffe* sowie ggf. auch über *Ober-* und *Unterbegriffe* Gedanken zu machen. Insbesondere mit Synonymen und verwandten Begriffen kann man eine thematische Suche so erweitern, dass das Suchergebnis den größten Teil der relevanten Dokumente umfasst.

Diese Vorgehensweise ist hauptsächlich bei einer sogenannten *Stichwortsuche* von Bedeutung, bei der man meist nach Begriffen aus dem Titel eines Dokuments sucht. Hier bietet unsere natürliche Sprache so viele Variationsmöglichkeiten, dass es oft nicht leicht ist, diese alle zu bedenken und mit einer umfassenden Suchstrategie alle abzudecken. Nicht zu vernachlässigen ist hierbei auch das Problem, dass man bei einer Stichwortsuche mit deutschen Begriffen auch nur deutschsprachige Dokumente findet und z. B. keine englischsprachigen.

Stichwortsuche

Daher sollten Sie – wo immer möglich – bei der thematischen Recherche auf die *Schlagwortsuche* zurückgreifen. Je nach Katalog oder Datenbank kann das dafür zu verwendende Suchfeld unterschiedliche Bezeichnungen haben. Im Deutschen ist „Schlagwort" gebräuchlich, im Englischen können Ihnen Benennungen wie „topic", „keyword", „subject", „subject heading" oder „subject term" begegnen. Im Gegensatz zu Stichwörtern entstammen Schlagwörter (meistens) einem *kontrollierten Vokabular*, in dem festgelegt ist, welche Begriffe für welche Sachverhalte verwendet werden sollen. Man spricht hier auch von einer *Vorzugsbenennung* (auch: „bevorzugte Bezeichnung" oder „bevorzugte Benennung").

Schlagwortsuche

An den deutschsprachigen wissenschaftlichen Bibliotheken wird für die inhaltliche Erschließung die *Gemeinsame Normdatei* (GND) – bis Anfang 2012 die *Schlagwortnormdatei* (SWD) – verwendet. Für unser obiges Suchbeispiel gibt es in der GND die Schlagwörter „Klimaänderung", „Biodiversität" und „Arktis". Zusätzlich zu diesen Vorzugsbenennungen stehen in jedem Normdatensatz auch sogenannte *Verweisungsformen*, die bei einer Suche mit dem betreffenden Schlagwort auch mitgesucht werden. Im Beispiel „Klimaänderung" stehen als Synonyme „Klimawandel", „Klimaveränderung" und „Klimawechsel"

Gemeinsame Normdatei

im Datensatz. Zusätzlich ist als Oberbegriff „Klima" hinterlegt. Wenn ein bestimmtes Dokument also mit dem Schlagwort „Klimaänderung" belegt wurde, können Sie dieses auch finden, wenn Sie nach den hinterlegten Synonymen suchen. Ebenso werden auch fremdsprachige Dokumente gefunden, denn die Schlagworte werden unabhängig von der Sprache des Originaldokuments in deutschen Bibliothekskatalogen immer auf Deutsch vergeben.

Sachbegriff:	**Klimaänderung**
PPN:	209886927
GND-Nummer:	4164199-1 Link zu diesem Datensatz in der GND
Alte Norm-Nr.:	4164199-1 *(in der "swd" vor der GND-Migration)*
Frühere Ansetzung:	*in swd:|s|Klimaänderung*
Quelle:	B 1986
GND-Systematik:	19.5 *[Meteorologie, Klimatologie, Hochatmosphäre, Magnetosphäre]*
DDC-Notation:	551.6 ; 577.22 ; 632.1
Synonym:	Klimawandel
	Klimaveränderung
	Klimawechsel
Oberbegriff:	Klima *[Oberbegriff allgemein]*

Abb. 19: Normdateneintrag zum Schlagwort „Klimaänderung" in der Gemeinsamen Normdatei (abgerufen über die vom Bibliotheks-Servicezentrum Baden-Württemberg bereitgestellte Online-GND)

Sowohl in Bibliothekskatalogen als auch in Datenbanken werden die einem Dokument zugeordneten Schlagwörter i. d. R. in der Vollanzeige des Titels angezeigt, was Sie sich auch für Ihre Suchwortliste zunutze machen können. Wenn Sie das Gefühl haben, dass Sie mit Ihren Suchbegriffen zwar passende, aber viel zu wenige Treffer finden, lohnt sich ein Blick auf die Schlagwörter der am besten passenden Treffer. Diese können Ihnen eventuell Hinweise darauf geben, mit welchen weiteren Begriffen sie noch suchen könnten.

2.2 Suchstrategie entwickeln

Suchstrategie

Wenn Sie dann eine möglichst vollständige Suchwortliste zusammengestellt haben, müssen Sie sich darüber Gedanken machen, wie Sie mit diesen Begriffen eine sinnvolle Suchstrategie entwickeln können. Dazu sollten Sie einige grundlegende Konzepte kennen: die sogenannten *Booleschen Operatoren*, die *Trunkierung* sowie die relativ neuen *Drill-Down-Funktionen*.

2.2.1 Boolesche Operatoren

Vermutlich wird sich die eine oder der andere von Ihnen noch an die Mengenlehre im Fach Mathematik erinnern, in denen Sie unter anderem mit den Gesetzmäßigkeiten der *Booleschen Algebra* in Berührung gekommen sein dürften. Diese kann man sich auch bei der Literaturrecherche zunutze machen. Relevant sind hierbei vor allem die *Vereinigungsmenge*, die *Schnittmenge* und die *Differenzmenge*, für die Ihnen die drei Operatoren AND, OR und NOT (bzw. AND NOT) zur Verfügung stehen. Gelegentlich werden auch die deutschen Bezeichnungen UND, ODER und NICHT (bzw. UND NICHT) verwendet. Im weiteren Text werden der Übersichtlichkeit halber ausschließlich die englischen Bezeichnungen verwendet.

Boolesche Operatoren

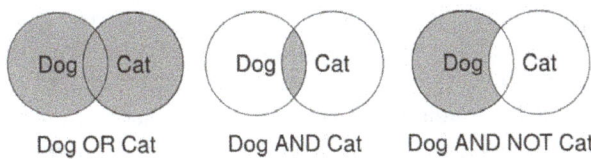

Dog OR Cat   Dog AND Cat   Dog AND NOT Cat

Abb. 20: Mengenbildung mit Hilfe der Booleschen Operatoren: Vereinigungsmenge (links), Schnittmenge (Mitte), Differenzmenge (rechts)

Die *Vereinigungsmenge* benötigt man für die *thematische Erweiterung* einer Suche, bei der man synonyme oder verwandte Begriffe über den Operator OR miteinander verknüpft. Hierbei werden dann Dokumente gefunden, die *entweder* den einen *oder* den anderen Begriff oder *beide* enthalten (vgl. Abbildung 20, links). In dem obigen Suchbeispiel würde man z. B. „globale Erwärmung" und „Klimawandel" mit OR verknüpfen, um unabhängig von der konkreten Benennung alle thematisch ähnlichen Dokumente zu finden.

Die *Schnittmenge* setzt man zur *Einschränkung der Suche* auf das eigentliche Thema ein, indem man die unterschiedlichen thematischen Komponenten über den Operator AND miteinander verknüpft. Dadurch werden dann nur diejenigen Dokumente gefunden, die *beide* Begriffe enthalten (vgl. Abbildung 20, Mitte). Wenn man – wie in unserem Beispiel – sich nur für die Auswirkungen des Klimawandels in der Arktis interessiert, aber nicht in den Tropen, würde man z. B. „Klimawandel" und „Arktis" mit AND verknüpfen. Dokumente, in denen zwar Klimawandel vorkommt aber nicht Arktis, werden dann nicht gefunden.

Vergleichsweise seltener wird die *Differenzmenge* benötigt, mit deren Hilfe man bestimmte Begriffe *von der Suche ausschließen* kann, indem man den Operator NOT bzw. AND NOT verwendet. Dadurch werden dann nur diejenigen Dokumente gefunden, die zwar den einen aber *nicht den anderen* Begriff enthalten (vgl. Abbildung 20, rechts). Diesen Operator benötigt man meist nur, wenn einer der Suchbegriffe in mehreren Kontexten verwendet werden kann. Wenn Sie z. B. nach Literatur über Krebse suchen, kann der Begriff Krebs neben seiner biologischen Bedeutung auch noch medizinisch (Krankheit) oder astrologisch (Sternzeichen) interpretiert werden. Um Literatur über die Krankheit Krebs auszuschließen, könnte man beispielsweise nach „Krebs" (AND) NOT „Krankheit" suchen.

2.2.2 Trunkierung

Trunkierung

Insbesondere bei der Stichwortsuche, aber auch bei der Schlagwortsuche können Sie sich ein weiteres Hilfsmittel zunutze machen, das in den meisten Rechercheinstrumenten angeboten wird: die *Trunkierung*. Das Wort stammt von dem lateinischen Verb „truncare" (*dt.* abschneiden) ab. Mithilfe der Trunkierung können Sie bei Ihrer Suche verschiedene Formen eines Begriffs gleichzeitig suchen, indem Sie das Wortende oder auch Teile eines Wortes (in seltenen Fällen auch den Wortanfang) durch einen sogenannten *Platzhalter* oder eine *Wildcard* ersetzen. Welche Zeichen als Platzhalter verwendet werden können und welche genaue Funktion sie haben, ist je nach Katalog oder Datenbank verschieden. Gängige Trunkierungszeichen sind das Sternchen * (auch als Asterisk bezeichnet), das Fragezeichen ? und das Dollarzeichen $.

Mit dem Sternchen kann man meist eine *beliebige Anzahl* von Zeichen ersetzen, so findet man mit dem Suchbegriff „gen*" u. a. die Begriffe „Genetik", „Gentechnik", „genetisch", aber auch „generell", „genau" u. v. m. Bereits dieses kleine Beispiel zeigt deutlich, dass man sich eine solche Erweiterung des Suchbegriffs – so sinnvoll und hilfreich sie auch sein kann – vorher gut überlegen sollte, damit man sein Suchergebnis nicht zu sehr verwässert.

Das Fragezeichen ersetzt meist *genau ein* Zeichen. Dies kann man sich zunutze machen, wenn man die genaue Schreibweise eines Wortes oder Namens nicht kennt (z. B. Maier oder Meier), aber auch bei englischsprachigen Suchbegriffen, die im amerikanischen Englisch anders geschrieben werden als im britischen Englisch. So findet man mit dem Suchbegriff „organi?ation" sowohl „organization" als auch „organisation".

Das Dollarzeichen ersetzt meistens *entweder ein oder kein* Zeichen. Dies ist insbesondere bei englischsprachigen Suchbegriffen hilfreich, die im amerikanischen Englisch einen Buchstaben mehr/weniger haben als im britischen Englisch. So findet man mit dem Suchbegriff „colo$r" beispielsweise sowohl „color" als auch „colour".

2.2.3 Drill-Down-Funktionen

Viele neue Bibliothekskataloge und Datenbanken bieten mit den sogenannten *Drill-Down-Funktionen* eine völlig andere Herangehensweise bei der Literaturrecherche an. Hierbei wird den Suchenden eine Möglichkeit der *nachträglichen Einschränkung* der Suchergebnisse anhand verschiedener Kriterien gegeben, indem die in der Treffermenge vorhandenen Ausprägungen dieser Kriterien als sogenannte *Facetten* i. d. R. in einer Spalte neben der Ergebnisliste angezeigt werden. Über diese Kriterien kann dann eine Einschränkung der Treffermenge auf diejenigen Dokumente vorgenommen werden, die das betreffende Merkmal erfüllen. Gängige Facetten sind z. B. Schlagwörter, Erscheinungsjahr, Publikationsart, Standort, Sprache oder Autor.

Drill-Down-Funktionen

Abb. 21: Drill-Down-Funktion (Facetten) im Katalog plus der UB Freiburg

Je nach Funktionsweise des einzelnen Katalogs oder der jeweiligen Datenbank, sind die Begriffe/Kategorien der einzelnen Facetten als Link dargestellt, so dass eine Einschränkung auf das gewünschte Merkmal per Mausklick erreicht werden kann. Gelegentlich muss man auch in einem Kästchen neben dem Merkmal ein Häkchen setzen o. ä. Zur genauen Funktionsweise können Sie sich immer in den zugehörigen Hilfeseiten der Kataloge und Datenbanken informieren.

Advanced

Nachdem Sie im ersten Teil dieses Buches nun bereits die grundlegenden Werkzeuge und Vorgehensweisen im Bereich der biowissenschaftlichen Literatursuche kennengelernt haben, liegt der Schwerpunkt des zweiten Teils auf einer Auswahl an spezielleren Informationsmitteln bzw. der Vertiefung von einigen Themen aus dem ersten Teil.

3 Zeitschriftenliteratur

Da die wissenschaftliche Kommunikation in den Biowissenschaften (so wie generell in den Naturwissenschaften) zum größten Teil durch die Veröffentlichung von Aufsätzen in Fachzeitschriften erfolgt, ist es für eine erfolgreiche Literaturrecherche von Vorteil, sich einige vertiefte Kenntnisse im Bereich der Zeitschriftenliteratur anzueignen. Dazu gehören neben der Sicherheit im Umgang mit den relevanten bibliographischen Fachdatenbanken, die Sie ja bereits im ersten Teil kennengelernt haben, auch das Wissen um die verschiedenen Zeitschriftenverzeichnisse und deren Verwendungsmöglichkeiten. Des Weiteren können Sie verschiedene Angebote nutzen, um sich über neu erscheinende Zeitschriftenaufsätze auf dem Laufenden zu halten. Da je nach Forschungsgebiet auch ältere Zeitschriftenliteratur von Interesse sein kann, sollten Sie ebenso wissen, welche Möglichkeiten Ihnen im Bereich der Zeitschriftenarchive zur Verfügung stehen.

3.1 Zeitschriftenverzeichnisse

Zeitschriftenverzeichnisse

Während sich Zeitschriftenverzeichnisse für eine thematische Recherche weniger gut eignen, da in ihnen nur die bibliographischen Informationen (Titel, Verlag, Erscheinungsweise, etc.) zu den einzelnen Zeitschriften, aber nicht deren Inhalte nachgewiesen sind, stellen sie in zweierlei Hinsicht ein hilfreiches Werkzeug dar. Einerseits kann man sich darin einen Überblick verschaffen, welche Zeitschriften in welchem Fachgebiet überhaupt erscheinen. Und andererseits kann man zu jeder Zeitschrift schnell herausfinden, welche Bibliothek diese im Bestand hat bzw. elektronischen Zugang dazu bietet. Die drei wichtigsten Verzeichnisse in diesem Bereich sind die *Zeitschriftendatenbank* (ZDB), die *Elektronische Zeitschriftenbibliothek* (EZB), sowie seit einigen Jahren das *Directory of Open Access Journals* (DOAJ). Ganz neu ist das Verzeichnis *Journals for Free*, in dem nicht nur Open-Access-Zeitschriften nachgewiesen sind, sondern auch konventionelle Zeitschriften, die einen Teil ihrer Bestände (z. B. ältere Jahrgänge) kostenfrei zur Verfügung stellen.

3.1.1 Zeitschriftendatenbank

Zeitschriftendatenbank

Die **Zeitschriftendatenbank (ZDB)** ist das zentrale Nachweisinstrument für die Zeitschriftenbestände deutscher und österreichischer Bibliotheken. Neben gedruckten und elektronischen Zeitschriften werden darin auch Zeitungen, Schriftenreihen und andere periodisch erscheinende Veröffentlichungen verzeichnet. Von technischer Seite wird die ZDB von der Deutschen Nationalbibliothek bereitgestellt und betreut. Die Zentralredaktion ist in der Staatsbibliothek zu Berlin angesiedelt. Insgesamt umfasst die Zeitschriftendatenbank mehr als 1,5 Millionen Titeldaten mit mehr als 10 Millionen Bestandsnachweisen.

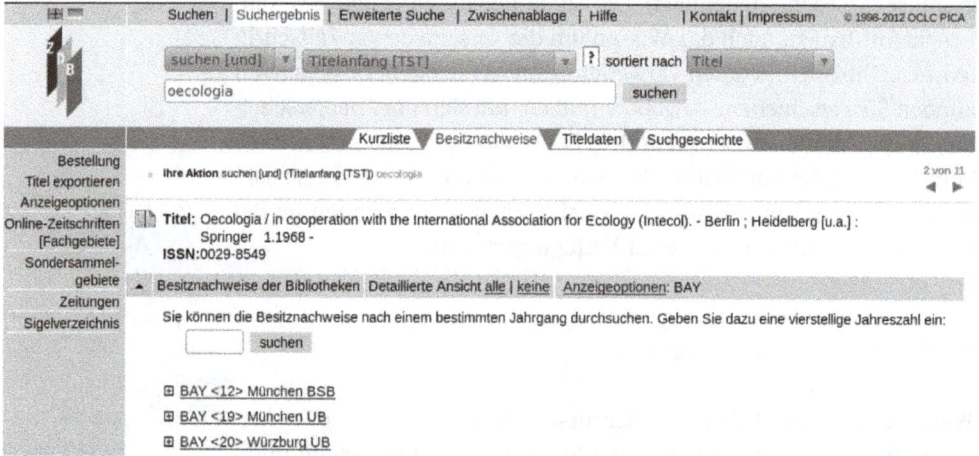

Abb. 22: Suchoberfläche, Titelanzeige und Besitznachweise in der Zeitschriftendatenbank (ZDB)

Da sich bei periodisch erscheinenden Veröffentlichungen im Laufe der Zeit immer wieder Änderungen ergeben – interessant sind hierbei insbesondere Titeländerungen – werden die dadurch entstehenden unterschiedlichen Katalogaufnahmen miteinander verknüpft (über die Rubrik „Frühere/Spätere Titel"). Ebenso sind im Feld „Weitere Titelhinweise" u. a. Verlinkungen von der gedruckten zur elektronischen Ausgabe und umgekehrt eingetragen (vgl. Abbildung 23).

Titel:	DNA : a journal of molecular and cellular biology
Erschienen:	New York, NY : Liebert
Erscheinungsverlauf:	1.1981/82 - 8.1989
Anmerkungen:	Abkürzungstitel: DNA
Frühere/spätere Titel:	Forts. ---> DNA and cell biology
Weitere Titelhinweise:	Online-Ausg. ---> DNA
Standardnummern:	ISSN der Vorlage: 0198-0238
	OCLC-Nr.: 260162101
CODEN:	DNAAD
Sacherschließung:	DDC-Sachgruppen der ZDB: 570 Biowissenschaften, Biologie
	weitere Klassifikationen(en): rvk WA 15000
	Schlagwörter: DNS ; Zeitschrift
ZDB-ID:	843026-3

Abb. 23: Einzeltitelanzeige in der Zeitschriftendatenbank (ZDB) mit Hinweisen auf spätere Titel und eine Online-Ausgabe

Die in der ZDB verzeichneten Zeitschriften sind fachlich über die Dewey-Dezimalklassifikation (engl. *Dewey Decimal Classification*, DDC) erschlossen. Für die Biologie sind hierbei die Sachgruppen 570 – *Biowissenschaften, Biologie*, 580 – *Pflanzen (Botanik)* und 590 – *Tiere (Zoologie)* relevant. Über die DDC-Notation können Sie mit Hilfe des entsprechenden Suchfelds einerseits nach allen in der ZDB verzeichneten Zeitschriften suchen, die der jeweiligen Sachgruppe zugeordnet sind. Andererseits können Sie sich unter der Rubrik „Online-Zeitschriften nach Fachgebieten" per Mausklick auf die verlinkte DDC-Notation gezielt alle zur jeweiligen Sachgruppe gehörenden Online-Zeitschriften anzeigen lassen. Hierbei haben Sie außerdem die Wahl, ob Sie alle Zeitschriften, nur kostenfreie Zeitschriften oder nur als Nationallizenz (s. Seite 56) verfügbare Zeitschriften anzeigen lassen möchten.

Klassifikationen

Unter einer *Klassifikation* bzw. *Systematik* versteht man ein Ordnungssystem, in dem verschiedene Objekte anhand ihrer Merkmale bestimmten Klassen zugeordnet werden. Viele – aber nicht alle – Klassifikationen sind hierarchisch strukturiert, d. h. jede Klasse untergliedert sich in mehrere Unterklassen, die sich immer weiter verzweigen. Im Bereich der Literatur entsprechend die Klassen z. B. thematischen, geographischen, zeitlichen oder auch formalen Merkmalen der zu ordnenden Literatur.

Beispiele für bekannte Klassifikationen sind die bereits erwähnte *Dewey-Dezimalklassifikation* (DDC), die *Regensburger Verbundklassifikation* (RVK) oder auch die *Library of Congress Classification* (LCC). Je nach System haben die Klassen eine genormte Benennung, die als „Notation" bezeichnet wird. Dabei kann es sich beispielsweise um eine reine Ziffernfolge oder auch um eine Kombination aus Ziffern und Buchstaben handeln. Einige Beispiele für RVK-Notationen sehen Sie in Abbildung 24.

Eine weitere sachliche Erschließung ist in der ZDB über die Kennzeichnung des DFG-Sondersammelgebiets (SSG), das eine bestimmte Zeit-

┗☐ **WG 1700 - WG 1940** Molekulargenetik

    ┗☐ **WG 1700** Allgemeines, Gesamtdarstellungen

    ┗☐ **WG 1750 - WG 1790** Replikation, DNS- und Genstruktur

    ┗☐ **WG 1800 - WG 1840** Transkription

        ┗☐ **WG 1800** Allgemeines

        ┗☐ **WG 1820** bei Prokaryonten

        ┗☐ **WG 1840** bei Eukaryonten

    ┗☐ **WG 1850 - WG 1890** Translation

    ┗☐ **WG 1900 - WG 1940** Regulation der Genexpression (Genregulation)

┗☐ **WG 2000** Cytogenetik

┗☐ **WG 2100** Zellteilung, Mitose, Meiose

┗☐ **WG 2300** Extrachromosomale Vererbung: DNS aus Mitochondrien, Plastiden

┗☐ **WG 2350** Plasmide

Abb. 24: Auszug aus der Regensburger Verbundklassifikation (RVK) im Bereich Molekulargenetik

schrift im Bestand hat, gegeben. Das Sondersammelgebiet für „Biologie, Botanik und Zoologie" hat die Nummer 12 (früher noch untergliedert in 12.0 für (Allgemeine) Biologie, 12.1 für Botanik und 12.2 für Zoologie) und ist an der Universitätsbibliothek Johann Christian Senckenberg in Frankfurt am Main angesiedelt (s. auch Seite 62). Nach der SSG-Nummer kann ebenfalls in einem entsprechenden Suchfeld recherchiert werden. Darüber hinaus steht auch hier im ZDB-OPAC eine eigene Rubrik „Sondersammelgebiete" zur Verfügung. Dort ist eine Liste aller SSGs sowie der entsprechenden SSG-Bibliotheken zugänglich, von der aus man per Mausklick auf die SSG-Nummer zu den zugehörigen Titelaufnahmen gelangt.

Wenn Sie über die fachliche Suche eine passende Zeitschrift gefunden haben, können Sie bei den Besitznachweisen nachsehen, welche Bibliotheken die Zeitschrift im Bestand haben. Da nicht immer alle Bibliotheken alle Jahrgänge einer Zeitschrift besitzen, kann die Anzeige der Besitznachweise über die Eingabe eines Jahrgangs auf diejenigen Bibliotheken beschränkt werden, in denen der betreffende Band tatsächlich vorhanden ist. Diese Funktionalität ist insbesondere dann von Interesse, wenn Sie nach einem bestimmten Aufsatz in einer Zeitschrift suchen und herausfinden möchten, in welcher Bibliothek Sie den betreffenden Band einsehen oder kopieren können.

3.1.2 Elektronische Zeitschriftenbibliothek

Die **Elektronische Zeitschriftenbibliothek (EZB)** ist eine kooperativ gepflegte bibliographische Datenbank, in der elektronische Ausgaben wissenschaftlicher Zeitschriften nachgewiesen werden. Die EZB wurde 1997 im Rahmen eines Projekts von der Universitätsbibliothek Regensburg in Kooperation mit der Bibliothek der Technischen Universität München gegründet. Derzeit nutzen 587 Teilnehmereinrichtungen die EZB und es sind knapp 67 000 Zeitschriftentitel darin verzeichnet (Stand: Dezember 2012).

Elektronische Zeitschriftenbibliothek

Volltextzeitschriften nach Fachgebiet

Allgemeine und vergleichende Sprach- und Literaturwissenschaft. Indogermanistik. Außereuropäische Sprachen und Literaturen	2373
Allgemeines, Fachübergreifendes	7157
Anglistik. Amerikanistik	1299
Archäologie	796
Architektur, Bauingenieur- und Vermessungswesen	1480
Bildungsgeschichte	283
Biologie	4448
Chemie und Pharmazie	2241
Elektrotechnik, Mess- und Regelungstechnik	1185
Energie, Umweltschutz, Kerntechnik	1470
Ethnologie (Volks- und Völkerkunde)	1227
Geographie	992
Geowissenschaften	1746
Germanistik. Niederländische Philologie. Skandinavistik	335

Abb. 25: Fächerübersicht über die in der Elektronischen Zeitschriftenbibliothek (EZB) verzeichneten Volltextzeitschriften

Neben lizenzpflichtigen Zeitschriften werden in der EZB auch kostenfrei verfügbare Zeitschriften sowie die im Rahmen der DFG-geförderten Nationallizenzen (s. Seite 56) bereitgestellten Zeitschriften nachgewiesen. Ähnlich wie im Datenbank-Infosystem (DBIS) gibt es auch in der EZB „lokale Sichten", so dass die teilnehmenden Bibliotheken ihren Nutzern anhand des von der EZB verwendeten „Ampelsystems" eine leicht verständliche Übersicht über die für die Angehörigen der jeweiligen Einrichtung nutzbaren Zeitschriften geben können.

Bei den mit einer grünen Ampel gekennzeichnete Zeitschriften sind die Volltexte für jedermann kostenfrei zugänglich. Bei Zeitschriften mit einem gelben Ampelsymbol sind die Volltexte nur für berechtigte Nutzer der jeweiligen Einrichtung zugänglich. Die Inhaltsverzeichnisse und Kurzzusammenfassungen (*Abstracts*) können i. d. R. jedoch kostenfrei gelesen werden. Für Zeitschriften mit einem roten Ampelsymbol gibt es an der betreffenden Einrichtung keine Nutzungslizenz, so dass die Volltexte dieser Zeitschriften nicht zur Verfügung stehen. Auch hier können meist Inhaltsverzeichnisse und Abstracts kostenfrei gelesen werden. Ist eine Zeitschrift mit einem gelb-roten Ampelsymbol gekennzeichnet, so sind nur Teile der Zeitschrift über eine Lizenz zugänglich und der Rest nicht. Die Lizenzinformationen werden von den teilnehmenden Einrichtungen selbst gepflegt und aktualisiert.

Hinweis Die Auswahl einer *lokalen Sicht* der teilnehmenden Bibliotheken können Sie in der linken Menüleiste unter „Bibliotheksauswahl/Einstellungen" vornehmen.

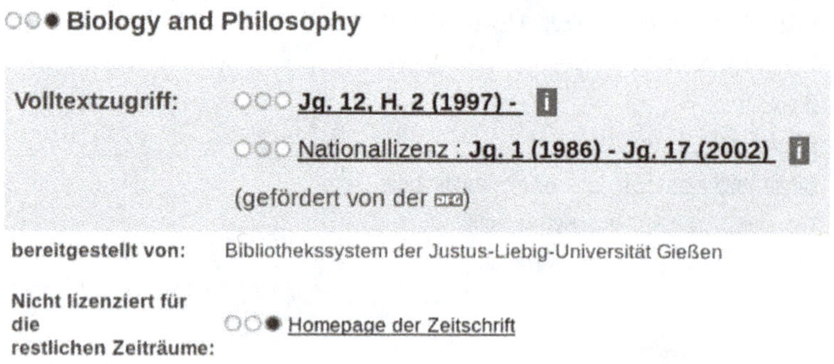

○○● **Biology and Philosophy**

Volltextzugriff:	○○○ Jg. 12, H. 2 (1997) -
	○○○ Nationallizenz : Jg. 1 (1986) - Jg. 17 (2002)
	(gefördert von der DFG)
bereitgestellt von:	Bibliothekssystem der Justus-Liebig-Universität Gießen
Nicht lizenziert für die restlichen Zeiträume:	○○● Homepage der Zeitschrift

Abb. 26: Einzeltitelanzeige in der Elektronischen Zeitschriftenbibliothek (UB Gießen)

Zusätzlich zu den lokalen Lizenzinformationen gibt es bei jeder Zeitschrift in der EZB einen Link zu einer „Liste der teilnehmenden Institutionen, die Volltextzugriff bieten", in der Sie bei lizenzpflichtigen Zeitschriften, die Ihre Heimatbibliothek nicht abonniert hat, nachsehen können, in welcher anderen Einrichtung ein Abonnement vorhanden ist.

In der EZB kann man sich die Zeitschriften entweder nach Fächern oder alphabetisch sortiert anzeigen lassen. Als Suchmöglichkeiten stehen sowohl eine einfache Suche nach dem Zeitschriftentitel als auch eine erweiterte Suche mit zusätzlichen Optionen zur Verfügung. Neben der groben Zuordnung zu Fachgruppen werden für die einzelnen Zeitschriften in der EZB auch Sachschlagworte vergeben, mit deren Hilfe man in der erweiterten Suche nach thematisch passenden Zeitschriften recherchieren kann. Je nach Bedarf kann man die Suche auf frei verfügbare bzw. per Lizenz zugängliche Titel einschränken.

In der EZB können Sie *nicht* nach Aufsatztiteln oder -inhalten suchen sondern nur nach den Zeitschriften selbst. Um zu den Inhalten der elektronischen Zeitschriften zu gelangen, müssen Sie diese erst über den angegebenen Link öffnen.	Hinweis

3.1.3 Directory of Open Access Journals

Im **Directory of Open Access Journals (DOAJ)** sind ausschließlich solche wissenschaftlichen Zeitschriften verzeichnet, deren Volltexte für jedermann *kostenfrei* zugänglich sind. Ins DOAJ werden darüber hinaus nur Zeitschriften aufgenommen, die überwiegend Forschungs- oder Übersichtsartikel publizieren und die ein Qualitätssicherungsverfahren einsetzen, sei es durch *Peer Review* oder durch ein entsprechendes Herausgebergremium. Da im DOAJ nur kostenfrei zugängliche Zeitschriften verzeichnet sind, entfällt hier die Notwendigkeit, Besitznachweise einzelner Institutionen zu katalogisieren, da diese Zeitschriften nicht abonniert werden müssen, sondern weltweit von jedermann gelesen werden können.

Beim Peer-Review-Verfahren (engl. für *Begutachtung durch Ebenbürtige*) werden die eingereichten Beiträge vom Herausgeber der Zeitschrift an andere Wissenschaftler zur Begutachtung gesendet und erst dann veröffentlicht, wenn diese die Qualität des Aufsatzes geprüft und für gut befunden haben. In der Regel erhalten die Autoren ihren Aufsatz nach der ersten Begutachtungsrunde zur Überarbeitung zurück und werden aufgefordert, die Kommentare und Verbesserungsvorschläge der Gutachter entsprechend zu berücksichtigen.	Peer Review

Das DOAJ wird an der Universitätsbibliothek Lund (Schweden) betrieben und gepflegt. Derzeit sind rund 8500 Open-Access-Zeitschriften im DOAJ verzeichnet (Stand: Dezember 2012). Davon können knapp 4200 Zeitschriften auch auf Artikelebene durchsucht werden. Insgesamt sind rund 944 000 Aufsätze indexiert. Als Nutzer kann man sich zum einen die enthaltenen Zeitschriften nach Fachgebieten sortiert anzeigen lassen, um sich einen ersten Überblick zu verschaffen. Zum anderen können über die Suchfunktion auf Ebene der Zeitschriften alle Felder außer dem Fachgebiet und dem Jahr durchsucht werden. Auf Artikelebene kann man darüber hinaus in den Feldern Aufsatztitel, Zeitschriftentitel, ISSN, Autor, Schlagwörter und Abstract suchen.

PLoS ONE
ISSN: 19326203
Subject: Medicine (General) --- Science (General)
Publisher: Public Library of Science (PLoS)
Country: United States
Language: English
Keywords: science, medicine
Start year: 2006
Publication fee: Yes --- Further Information
License: (cc) BY

Abb. 27: Einzeltitelanzeige im Directory of Open Access Journals (DOAJ)

Eine Recherche im DOAJ ist insbesondere dann nützlich, wenn man herausfinden möchte, welche qualitätsgeprüften Open-Access-Zeitschriften es in den verschiedenen Fachgebieten gibt, da viele der Zeitschriften noch nicht lange genug existieren, um bereits in die großen Datenbanken wie Web of Science oder Scopus aufgenommen worden zu sein. Im Fachgebiet Biologie („Biology and Life Sciences") sind derzeit knapp 390 Zeitschriften im DOAJ verzeichnet (Stand: Dezember 2012). Die bekanntesten Open-Access-Zeitschriften im Fach Biologie sind die sieben Zeitschriften der *Public Library of Science (PLoS)* (von denen einige im DOAJ eher der Medizin zugeordnet werden), sowie die gut 240 Zeitschriften des Open-Access-Verlags *BioMed Central*.

Open Access

Was versteht man unter „Open Access"?
„Open Access beschreibt das Ziel, Wissen und Information in digitaler Form für den Nutzer ohne finanzielle, technische oder rechtliche Barrieren zugänglich und nachnutzbar zu machen."

Quelle: „Open Access: Positionen, Prozesse, Perspektiven" / hrsg. von der Arbeitsgruppe Open Access in der Allianz der deutschen Wissenschaftsorganisationen. 2009. http://www.allianz-initiative.de/fileadmin/openaccess (zuletzt geprüft am 10.12.2012)

3.1.4 Journals for Free

Journals for Free

Im Gegensatz zum DOAJ, das ausschließlich originäre Open-Access-Zeitschriften nachweist, deren Inhalte unmittelbar nach Erscheinen kostenfrei zugänglich sind, beinhaltet das kürzlich online gegangene Verzeichnis **Journals for Free** auch solche Zeitschriften, die ihre Inhalte erst nach einer gewissen Embargofrist kostenfrei zugänglich machen, oder die beispielsweise nur ältere Jahrgänge kostenfrei anbieten. Derzeit sind in Journals for Free mehr als 10 000 Zeitschriften aus allen

Fachgebieten nachgewiesen. Aus dem Bereich der Biowissenschaften finden sich in der Kategorie „Biology and Life Sciences" 827 Zeitschriften, sowie weitere 469 Zeitschriften in der Kategorie „Agriculture, Animal Sciences and Food Sciences".

Aus der Perspektive der Befürworter des Open-Access-Publizierens definiert Journals for Free den Begriff „Open Access" zwar sicherlich viel zu umfassend, doch um schnell herauszufinden, welche Jahrgänge einer Zeitschrift kostenfrei genutzt werden können, ist Journals for Free ein hilfreiches Werkzeug bei der Literaturrecherche und -beschaffung.

3.2 Zeitschrifteninhaltsverzeichnisse

Während in den Zeitschriftenverzeichnissen nur die bibliographischen Daten der Zeitschriften als Ganzes zu finden sind, liefern **Zeitschrifteninhaltsverzeichnisse** Informationen zu den in den Zeitschriften erschienenen Aufsätzen, d. h. in diesen Verzeichnissen können Sie thematisch in den Aufsatztiteln recherchieren bzw. auch nach Aufsätzen bestimmter Autoren suchen. Im Prinzip werten zwar auch Datenbanken wie das Web of Science oder BIOSIS Previews die Inhaltsverzeichnisse wissenschaftlicher Zeitschriften aus, doch dies geschieht zum Teil mit einiger zeitlicher Verzögerung. Die beiden Dienste *Online Contents Biologie* und *Current Contents Connect* liefern dahingegen (fast) tagesaktuelle Informationen zu den neu erschienenen Aufsätzen und bieten zusätzliche Benachrichtigungsfunktionen, über die man sich beispielsweise die aktuellen Inhaltsverzeichnisse einzelner Zeitschriften per E-Mail zusenden lassen kann.

Zeitschrifteninhaltsverzeichnisse

3.2.1 Online Contents Biologie

Bei **Online Contents Biologie** handelt es sich um den biowissenschaftlichen Fachauszug aus der Datenbank Online Contents (OLC) der Agentur *Swets Information Services*, über den die Inhaltsverzeichnisse von mehr als 1500 biowissenschaftlichen Fachzeitschriften erschlossen werden, die dem Sammelprofil des Sondersammelgebiets „Biologie, Botanik und Zoologie" (SSG 12) entsprechen. Hinzu kommen noch einzelne Zeitschriften verwandter Fachgebiete. Der Aufsatzkatalog, der von der Virtuellen Fachbibliothek Biologie (vifabio) betreut wird, wird täglich aktualisiert und ist weltweit frei zugänglich. Der Berichtszeitraum reicht bis 1998 zurück.

Online Contents Biologie

In der Datenbank können Sie nach Titelstichwörtern und Autorennamen suchen oder aber sich zu einer bestimmten Zeitschrift das aktuelle Inhaltsverzeichnis, alle Hefte oder alle Aufsätze anzeigen lassen. Über die linke Menüleiste kann man sich auch die komplette Liste der indexierten Zeitschriften anzeigen lassen und darüber dann zu den Aufsätzen oder Heften weiternavigieren.

Bei jedem Titeleintrag wird über das EZB-Ampelsystem eingeblendet, ob Sie Zugang zum Volltext des Artikels haben. Dazu müssen Sie sich jedoch im IP-Adressenbereich Ihrer Heimateinrichtung befinden, sei es da Sie sich auf dem Campus befinden, oder weil Sie sich via VPN (*Virtual Private Network*) in das entsprechende Netz eingewählt haben. Wenn der Volltext eines Aufsatzes für Sie nicht online zugänglich ist, können Sie sich diesen ebenfalls über das Kontextmenü auf der linken Seite über den Dokumentlieferdienst *subito* (s. Seite 73) bestellen.

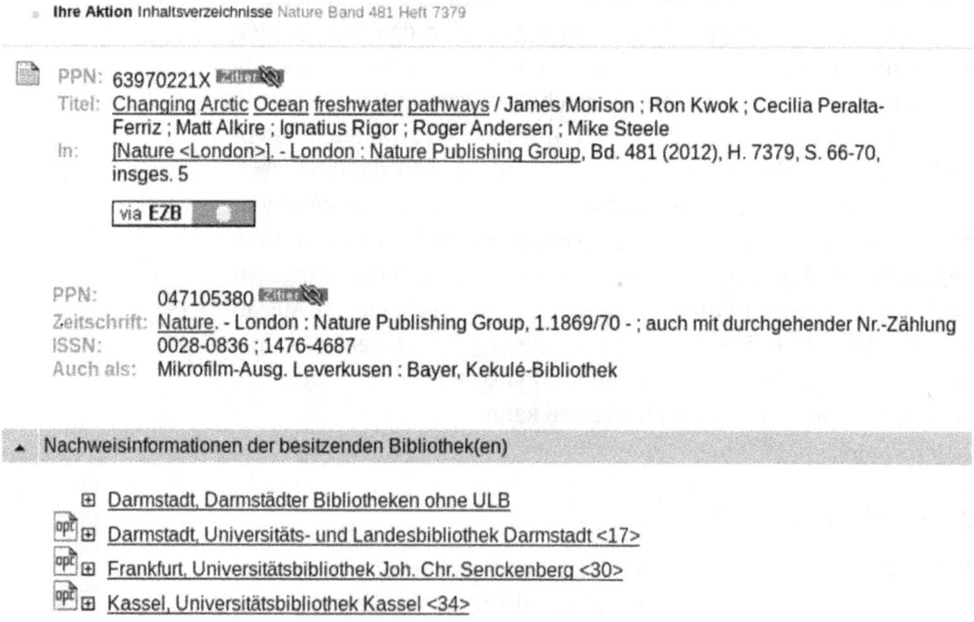

Ihre Aktion Inhaltsverzeichnisse Nature Band 481 Heft 7379

PPN: 63970221X
Titel: Changing Arctic Ocean freshwater pathways / James Morison ; Ron Kwok ; Cecilia Peralta-Ferriz ; Matt Alkire ; Ignatius Rigor ; Roger Andersen ; Mike Steele
In: [Nature <London>]. - London : Nature Publishing Group, Bd. 481 (2012), H. 7379, S. 66-70, insges. 5

via EZB

PPN: 047105380
Zeitschrift: Nature. - London : Nature Publishing Group, 1.1869/70 - ; auch mit durchgehender Nr.-Zählung
ISSN: 0028-0836 ; 1476-4687
Auch als: Mikrofilm-Ausg. Leverkusen : Bayer, Kekulé-Bibliothek

▲ Nachweisinformationen der besitzenden Bibliothek(en)

⊞ Darmstadt, Darmstädter Bibliotheken ohne ULB
⊞ Darmstadt, Universitäts- und Landesbibliothek Darmstadt <17>
⊞ Frankfurt, Universitätsbibliothek Joh. Chr. Senckenberg <30>
⊞ Kassel, Universitätsbibliothek Kassel <34>

Abb. 28: Titelanzeige in den Online Contents Biologie

Da die vifabio an der Universitätsbibliothek Johann Christian Senckenberg Frankfurt angesiedelt ist, werden des Weiteren über eine Anbindung an den HeBIS-Verbundkatalog zu jedem im Online Contents Biologie verzeichneten Aufsatz die Besitznachweise für die gedruckten Zeitschriftenbestände der HeBIS-Verbundbibliotheken angezeigt. Die

Funktion „Bestellen via HeBIS" initiiert eine Fernleihbestellung, die allerdings nur Nutzern von HeBIS-Verbundbibliotheken zur Verfügung steht. Bevor Sie eine Dokumentlieferung via subito veranlassen, sollten Sie auf jeden Fall zunächst prüfen, ob Sie den Artikel nicht auch über die Fernleihoptionen Ihrer Heimatbibliothek bestellen können.

Als weiteren Service bietet die vifabio den Dienst *myCCBio* (My Current Contents Biology) an, über den Sie sich für Sie interessante Zeitschriftentitel auswählen können, für die Ihnen dann bei Erscheinen die jeweils aktuellen Inhaltsverzeichnisse per E-Mail zugesendet werden. Zur Auswahl stehen die Zeitschriften, die für die Datenbank Online Contents Biologie ausgewertet werden.

3.2.2 Current Contents Connect

Der Dienst **Current Contents Connect** wird vom Datenbankhersteller Thomson Reuters angeboten, der auch die Datenbanken Web of Science, BIOSIS Previews und Zoological Record erstellt. Entsprechend wird auch dieser Dienst als Teil des Portals *Web of Knowledge* zugänglich gemacht. Wie die Online Contents Biologie indexiert auch Current Contents Connect aktuelle Inhaltsverzeichnisse wissenschaftlicher Zeitschriften und bietet neben den bibliographischen Informationen auch die Abstracts der Aufsätze an. Darüber hinaus werden mehrere tausend Bücher und wissenschaftliche Webseiten ausgewertet. Der Berichtszeitraum reicht bis ins Jahr 1999 zurück.

Current Contents Connect

Der Dienst ist in sieben verschiedene Fachrichtungen unterteilt, die auch einzeln lizenziert werden können:

- Agriculture, Biology & Environmental Sciences (ABES)
- Arts & Humanities (AH)
- Clinical Medicine (CM)
- Engineering, Computing & Technology (ECT)
- Life Sciences (LS)
- Physical, Chemical & Earth Sciences (PCES)
- Social & Behavioral Sciences (SBS)

Zu Beginn (im Jahr 1958) erschienen die *Current contents* wöchentlich gedruckt als *„your weekly guide to the chemical, pharmaco-medical and life sciences"* und bestanden schlicht aus kopierten Inhaltsverzeichnissen der ausgewerteten Zeitschriften. Dieser Service war zu der damaligen Zeit die schnellste Möglichkeit, sich über aktuelle Neuerscheinungen zu informieren und es gibt nach wie vor Bibliotheken, die die Printausgabe abonniert haben. Bequemer lässt es sich freilich in der tagesaktuellen Online-Datenbank recherchieren, sofern Ihre Heimatbibliothek diese lizenziert hat. Über entsprechende Einstellungen in der Datenbank können Sie sich sowohl über neu erscheinende Inhaltsverzeichnisse der für Sie interessanten Zeitschriften per E-Mail informieren lassen, als auch sich die Ergebnisse von Suchanfragen in regelmäßigen Abständen per E-Mail oder per RSS-Feed zusenden lassen.

RSS-Feed

RSS (engl. ursprünglich *Rich Site Summary*, später *Really Simple Syndication*) ist eine Familie von Formaten, mit denen Änderungen auf Webseiten in einer einfachen und strukturierten Form (im XML-Format) veröffentlicht werden können. In Konkurrenz dazu steht das ebenfalls auf XML basierende Format *Atom*. Die Bereitstellung von Daten im RSS-Format wird entsprechend als *RSS-Feed* bezeichnet – vom englischen *to feed* für „füttern" oder „einspeisen". RSS-Feeds können beispielsweise im Webbrowser oder aber auch in E-Mail-Programmen abonniert werden.

3.2.3 JournalTOCs: Biology

JournalTOCs

Als drittes Beispiel für eine Datenbank, mit deren Hilfe man sich über aktuelle Zeitschrifteninhaltsverzeichnisse informieren kann, sei an dieser Stelle noch das britische Projekt **JournalTOCs** erwähnt (TOC = engl. *Table of Contents* = Inhaltsverzeichnis), das 2009 ins Leben gerufen wurde. In JournalTOCs können Sie die Inhaltsverzeichnisse von rund 21 000 wissenschaftlichen Fachzeitschriften durchsuchen, die direkt von mehr als 1500 verschiedenen Verlagen zusammengetragen werden. Darunter befinden sich auch mehr als 2200 biowissenschaftliche Fachzeitschriften. Aufgenommen werden nur solche Zeitschriften, für die vom Verlag ein RSS-Feed für die Inhaltsverzeichnisse angeboten wird.

In JournalTOCs können Sie zum einen thematisch nach interessanten Zeitschriften „browsen", zum anderen stehen auch verschiedene Suchmöglichkeiten zur Verfügung, mit deren Hilfe Sie entweder direkt nach einzelnen Zeitschriften (z. B. über den Titel oder die ISSN) oder aber auch nach Titelstichwörtern der einzelnen Aufsätze recherchieren können.

3.3 Zeitschriftenarchive

Zeitschriftenarchive

Auch wenn für den überwiegenden Teil biowissenschaftlicher Forschungsprojekte nur die aktuelle Zeitschriftenliteratur von Interesse ist, gibt es dennoch auch Bedarf an vor längerer Zeit erschienener

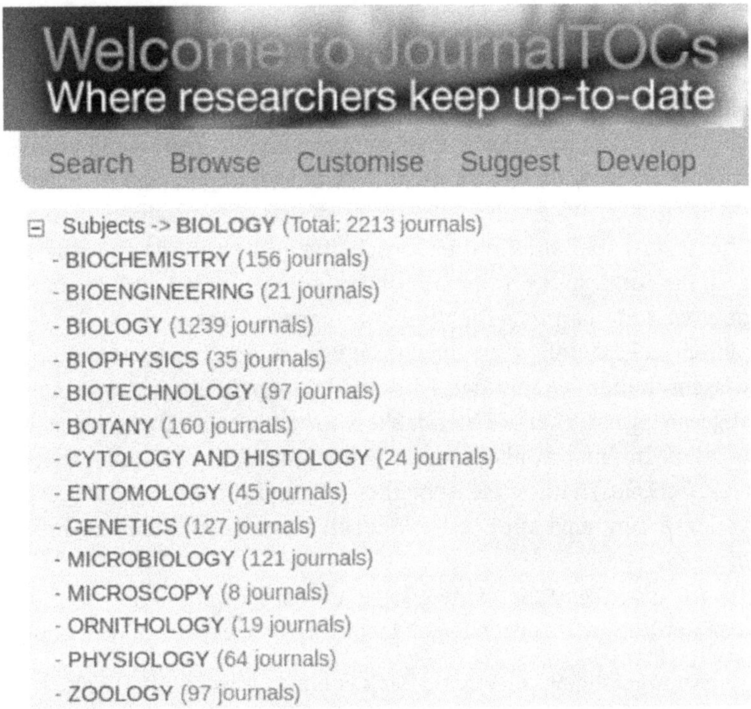

Abb. 29: Thematische Übersicht über die in JournalTOCs enthaltenen biologischen Zeitschriften

Grundlagenliteratur bzw. an historischer biowissenschaftlicher Literatur. Diese Literatur ist zwar in vielen Bibliotheken noch gedruckt vorhanden und kann entsprechend vor Ort genutzt, kopiert oder auch per Fernleihe (s. Seite 72) bestellt werden, es gibt jedoch seit einiger Zeit auch alternative Nutzungsmöglichkeiten, die einem die Arbeit mit älterer Literatur deutlich erleichtern können.

Viele Verlage haben inzwischen ihre gedruckten Bestände digitalisiert und (oft) mit Hilfe von Texterkennungsverfahren durchsuchbar gemacht. Einige Verlage bieten die alten Jahrgänge ihrer Zeitschriften zur kostenfreien Nutzung an, zum Teil sind diese jedoch auch lizenzpflichtig. Die Situation für alle relevanten biowissenschaftlichen Zeitschriften im Detail darzustellen, würde den Rahmen dieses Bandes bei weitem sprengen, doch man sollte zumindest zwei wichtige Angebote im Bereich der Zeitschriftenarchive kennen: die durch die Deutsche Forschungsgemeinschaft (DFG) finanzierten *Nationallizenzen* und das amerikanische Online-Archiv *JSTOR* (kurz für Journal STORage).

3.3.1 Nationallizenzen

Die DFG finanziert seit 2004 den Erwerb von **nationalen Lizenzen** für elektronische Medien im Rahmen des Förderprogramms „Überregionale Literaturversorgung und Nationallizenzen". Ziel dieser Förderung ist eine verbesserte elektronische Literaturversorgung an deutschen Hochschulen, Forschungseinrichtungen und wissenschaftlichen Bibliotheken, aber auch für wissenschaftlich interessierte Privatpersonen. Das Angebot der Nationallizenzen bezieht sich keinesfalls nur auf naturwissenschaftliche Fachliteratur – ganz im Gegenteil. Der Schwerpunkt der Förderung lag zunächst im Bereich der Geistes- und Kulturwissenschaften, wo mit den Fördermitteln der DFG große, möglichst abgeschlossene Online-Datenbanken auf nationaler Ebene lizenziert wurden. In einer zweiten Runde wurden dann auch Online-Archive (sog. *Backfiles*) naturwissenschaftlicher Zeitschriften bzw. auch ganzer Verlagsprogramme mit in das Nationallizenzenprogramm aufgenommen.

An biowissenschaftlichen Zeitschriftenarchiven stehen im Rahmen der Nationallizenzen folgende wichtige Angebote zur Verfügung:

- Annual Reviews Electronic Back Volume Collection (1932-2007)
- BioOne Online Journals Archiv (1994-2011)
- Blackwell Publishing Journal Backfiles (1879-2005)
- Cambridge Journals Digital Archive (1770-2011; je nach Zeitschrift)
- Elsevier Journal Backfiles (1907-2002)
- Nature Archives (1869-2009)
- Oxford Journals Digital Archive (1849-2010)
- Science Classic Archive (1880-1996)
- Springer Online Journal Archives (1860-2002)
- Thieme Zeitschriftenarchive (1980-2007)
- Wiley InterScience Backfile Collections (1832-2005)

Darüber hinaus wurden im Rahmen der Nationallizenzen auch einige Datenbankarchive lizenziert, die für Biologen von Bedeutung sind. Hierzu zählen BIOSIS Previews (1926-2004), CAB Abstracts (1910-1989) sowie der Zoological Record (1864-2007).

Der Zugang zu den Zeitschriftenarchiven erfolgt in aller Regel über die Server und Webseiten der entsprechenden Zeitschrift bzw. des Verlags. Im Rahmen der Nationallizenzen wurde jedoch ein zeitlich unbegrenztes Nutzungsrecht für die Produkte erworben, so dass die Daten auch dann noch zur Verfügung stehen (bzw. über ein entsprechendes Online-Angebot zur Verfügung gestellt werden können), wenn beispielsweise der Verlagsserver nicht mehr weiterbetrieben wird.

Wenn man keinen Zugriff auf eine biowissenschaftliche Datenbank hat und speziell nach Literatur aus Zeitschriftenarchiven sucht, die als Nationallizenzen zur Verfügung stehen, kann man über die sog. *„Suchkiste"* die Metadaten der Nationallizenzen bis auf Artikelebene durchsuchen. Hierbei steht auf den ersten Blick nur eine „einfache Suche" zur Verfügung, die jedoch über die Verwendung von Codes für bestimmte Suchfelder sowie mit Hilfe von Booleschen Operatoren (s. Seite 39) und Trunkierung (s. Seite 40) quasi „durch die Hintertür" zu einer erweiterten Suche ausgebaut werden kann. Die Suchkiste wird von der Verbundzentrale des GBV angeboten und durch die DFG finanziell gefördert.

Suchkiste

3.3.2 JSTOR

Die Schaffung des amerikanischen Zeitschriftenarchivs **JSTOR** wurde 1994 von William G. Bowen, dem damaligen Präsidenten der Princeton Universität sowie der *Andrew W. Mellon Foundation*, initiiert. Bowen wollte den unter immer größerem Platzmangel leidenden Universitätsbibliotheken eine Möglichkeit schaffen, die älteren Zeitschriftenjahrgänge nicht mehr gedruckt vorhalten zu müssen, sondern diese bequem und platzsparend online anbieten zu können. Das Archiv enthält mehr als 1500 Zeitschriftentitel aus über 50 akademischen Disziplinen. Während zu Beginn ausschließlich ältere Jahrgänge in JSTOR verfügbar waren, bieten einige Verlage im Rahmen des im Jahr 2010 initiierten *Current Scholarship Program* auch ihre aktuellen Jahrgänge über JSTOR an. Seit 2012 stehen darüber hinaus in JSTOR auch rund 15 000 Bücher zur Verfügung (sowohl aktuelle als auch ältere Titel), die zum überwiegenden Teil von Universitätsverlagen stammen. Innerhalb der JSTOR-Plattform sind die in den Zeitschriften enthaltenen Rezensionen und Zitate mit den entsprechenden Büchern verlinkt.

JSTOR

JSTOR ist eine kostenpflichtige Datenbank, deren Archivbestände entweder komplett oder in verschiedenen Teilpaketen lizenziert werden können. Größere Titelpakete sind die „Arts & Sciences Collections" (I-XI). Speziell für die Biowissenschaften gibt es die Pakete „Biological Sciences", „Ecology & Botany" und „Life Sciences", zwischen denen es zum Teil Überschneidungen gibt.

Die Bestände der einzelnen Zeitschriften stehen üblicherweise mit einer zeitlichen Verzögerung von 3-5 Jahren in JSTOR zur Verfügung, die als *Moving Wall* bezeichnet wird. Die Verlage haben die Möglichkeit, diesen Zeitraum zwischen 0 und 10 Jahren frei zu wählen. Bei einer *Moving Wall* von 5 Jahren steht beispielsweise im Jahr 2013 der Jahrgang 2008 einer Zeitschrift zur Verfügung und im Jahr 2014 dann der Jahrgang 2009 usw. Dadurch behalten sich die Verlage die Möglichkeit vor, die aktuellen Jahrgänge selbst zu vermarkten. Insbesondere Universitätsverlage nutzen jedoch auch das oben erwähnte *Current Scholarship Program* und stellen auch die neuesten Jahrgänge ihrer Zeitschriften über JSTOR zur Verfügung. Für die Nutzer hat dies den Vorteil, dass der Gesamtbestand dieser Zeitschriften auf einer einzigen Plattform zugänglich und durchsuchbar ist.

JSTOR bietet sowohl eine einfache als auch eine erweiterte Suche mit vielen Optionen für eine thematische Suche. Möchten Sie dagegen herausfinden, ob ein ganz bestimmter Aufsatz im JSTOR-Archiv vorhanden ist, können Sie gezielt über den *Citation Locator* auf die Suche gehen. Neben den inzwischen schon als Standardfunktionen zu bezeichnenden Download-Optionen (Speichern, per E-Mail zuschicken und Exportieren; s. auch Seite 68ff.) bietet JSTOR auch ein *Citation Tracking* an, über das Sie sich informieren lassen können, wenn ein bestimmter Artikel von einem anderen zitiert wird. Des Weiteren können Sie sich per E-Mail-Alert über neue Artikel aufmerksam machen lassen, die zu einer von Ihnen gespeicherten Suchanfrage passen. Für die Nutzung all diese Services ist eine kostenfreie Registrierung bei JSTOR erforderlich.

3.4 Dokumentenserver

Insbesondere in Zeiten exorbitant hoher Zeitschriftenpreise, die viele Bibliotheken dazu zwingen, immer mehr laufende Abonnements abzubestellen oder zumindest keine neuen Abonnements zu beginnen, gewinnen **Dokumentenserver** zunehmend an Bedeutung, da man dort unter anderem sog. *Preprints* oder *Postprints* von wissenschaftlichen Aufsätzen findet, die in (kostenpflichtigen) Fachzeitschriften veröffentlicht werden/wurden. Bei den „Preprints" handelt es sich dabei um noch nicht veröffentlichte Manuskripte, die über den Dokumentenserver der wissenschaftlichen Fachöffentlichkeit zur Diskussion zur Verfügung gestellt werden. „Postprints" hingegen sind – wie der Name vermuten lässt – bereits in einer (begutachteten) Fachzeitschrift veröffentlicht worden, und werden im Nachhinein von den Autoren über den Dokumentenserver auch all denjenigen Lesern zugänglich gemacht, die nicht über ein Abonnement der entsprechenden Zeitschrift verfügen, und die somit unabhängig von ihrer finanziellen Situation oder der ihrer Heimatbibliothek den Aufsatz lesen können.

Postprints

Im Bereich der Postprints sind Dokumentenserver insofern nicht so sehr für die Literaturrecherche interessant, als diese Literatur ja bereits publiziert und damit mehrheitlich über die gängigen Fachdatenbanken abgedeckt ist. Die Postprints sind vielmehr bei der Frage der Literaturbeschaffung (s. auch Seite 71) relevant. Dabei kann dann u. a. die bereits erwähnte wissenschaftliche Suchmaschine BASE (s. Seite 34) nützlich sein, über die Sie herausfinden können, ob es zu einem Aufsatz in einer kostenpflichtigen Zeitschrift, auf die Sie keinen Zugriff haben, einen entsprechenden frei zugänglichen Postprint auf einem Dokumentenserver gibt.

Für die Recherche nach den aktuellsten Forschungsergebnissen sind hingegen die Preprints von größerem Interesse. Da diese Texte noch nicht veröffentlicht sind, findet man Sie nicht über die großen Fachdatenbanken, sondern entweder über Suchmaschinen wie BASE oder sogar über eine Google-Suche, falls der betreffende Server eine Indexierung durch Google erlaubt. Spezialisiertere Suchmöglichkeiten bieten meist jedoch die Dokumentenserver direkt.

Preprints

3.4.1 arXiv

Der bekannteste Preprint-Server ist der heutzutage an der amerikanischen *Cornell University Library* beheimatete Server **arXiv** (genannt „The Archive"), der 1991 von dem Physiker Paul Ginsparg am *Los Alamos National Laboratory* ins Leben gerufen wurde, um den Physikern den bis dahin über ein weltweite Mailingliste organisierten Austausch von Preprints zu erleichtern. Inzwischen können bei arXiv auch Preprints aus den Fachgebieten Mathematik, Informatik, Quantitative Biologie, Quantitative Finanzwissenschaft und Statistik abgelegt werden. Innerhalb dieser Großgruppen gibt es noch weitere Unterteilungen in speziellere Fachrichtungen. Bei der Biologie sind dies:

arXiv

- Biomolecules
- Cell Behavior
- Genomics
- Molecular Networks
- Neurons and Cognition
- Other Quantitative Biology
- Populations and Evolution
- Quantitative Methods
- Subcellular Processes
- Tissues and Organs

Im arXiv kann man einerseits direkt nach bestimmten Preprints suchen, wenn man beispielsweise die „Article-ID" in einer Referenz gelesen hat. Andererseits stehen für die (thematische) Recherche sowohl eine einfache als auch eine erweiterte Suche zur Verfügung, über die man in den Metadaten (Autor, Titel, Abstract, etc.) der Preprints recherchieren kann. Wenn man von vorneherein nur bestimmte Fachgruppen durchsuchen möchte, kann man dies entsprechend einschränken. Noch experimenteller Natur ist die Volltextsuche, mit deren Hilfe man in den Texten der Preprints recherchieren kann. Die Erfolgsquote hängt dabei neben der geeigneten Formulierung der Suchsyntax auch davon ab, wie gut die Volltexte (je nach Qualität der Originaldatei) indexiert werden konnten.

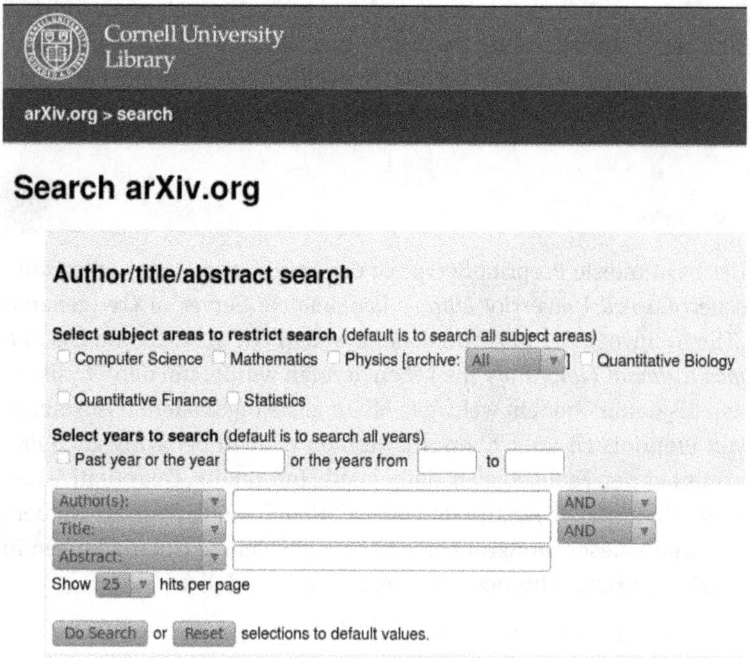

Abb. 30: Erweiterte Suchmaske des Preprint-Servers arXiv

Wenn Sie arXiv dafür nutzen möchten, um in bestimmten Fachgebieten auf dem aktuellsten Stand der Forschung zu bleiben, können Sie sich für diese Gebiete per RSS-Feed (s. Seite 54) über die neuesten Preprints informieren lassen. Ebenso stehen entsprechende Mailinglisten zur Verfügung, die man für ganze Großgruppen oder auch nur für spezielle Unterbereiche abonnieren kann.

In arXiv sind derzeit rund 810 000 Preprints archiviert (Stand: Dezember 2012), wovon gut 6450 zur Gruppe *Quantitative Biology* gehören, die am 15. September 2003 ins Leben gerufen wurde. Allein im Jahr 2012 wurden in dieser Fachgruppe 1055 Paper hochgeladen.

3.4.2 Weitere Preprint-Server

Zusätzlich zu arXiv gibt es zahlreiche kleinere Preprint-Server, die oft institutionell angebunden sind und beispielsweise nur Preprints von Angehörigen der eigenen Einrichtung veröffentlichen. Bei diesen lohnt es sich oft nicht, die einzelnen Server direkt zu durchsuchen, da nicht so viele neue Veröffentlichungen hinzukommen. Die Neuveröffentlichungen auf diesen Servern kann man entsprechend leichter über thematische Suchen in BASE (s. Seite 34) verfolgen.

Zwei besondere Preprint-Server sollen an dieser Stelle jedoch noch erwähnt werden: *viXra* und *PeerJ PrePrints*. Hinter dem kuriosen Namen **viXra** verbirgt sich ein *Ananym* von arXiv, d. h. die Buchstaben sind einfach in umgekehrter Reihenfolge geschrieben. Dies deutet bereits auf die enge Verwandtschaft zwischen arXiv und viXra hin, die darin begründet ist, dass ein Teil der wissenschaftlichen Community die strikten Regeln des Submissions-Prozederes bei arXiv als unzufriedenstellend und einschränkend erachtet, woraufhin der in Großbritannien tätige Physiker Philip Gibbs im Jahr 2009 als Gegenentwurf den vollständig offenen Preprint-Server viXra initiierte. Da somit (nahezu) jeder Text auf viXra veröffentlicht werden kann, sollten Sie diese Preprints mit aller gebotenen Vorsicht betrachten, jedoch sind die zweifelhaften Texte meist auf den ersten Blick als solche zu erkennen. Hin und wieder bei viXra vorbeizuschauen, kann sich somit je nach Fachgebiet durchaus lohnen, da auch zahlreiche ernstzunehmende Publikationen dort zu finden sind, die entweder bei arXiv nicht zur Veröffentlichung akzeptiert wurden oder von den Autoren von vornherein bei viXra eingereicht wurden.

In viXra sind bislang gut 4100 Dokumente veröffentlicht (Stand: Dezember 2012). Als Großgruppen stehen neben Physik, Mathematik, Informatik, Biologie und Chemie auch Geistes- und Sozialwissenschaften *(Humanities)* sowie „andere Fachgebiete" (derzeit nur Allgemeine Naturwissenschaften und Philosophie) zur Verfügung. Die Biologie ist in viXra nur in vier Untergruppen aufgeteilt: Biochemie, Biophysik, Kognitionswissenschaft und Quantitative Biologie.

PeerJ PrePrints bereits zum jetzigen Zeitpunkt in dieses Buch aufzunehmen, mag zwar noch etwas verfrüht erscheinen, da mit ersten Einreichungen erst zu Beginn des Jahres 2013 gerechnet wird. Jedoch scheint das zunächst auf die Biowissenschaften und Medizin ausgerichtete Open-Access-Projekt *PeerJ* ein interessantes und innovatives Geschäftsmodell zu verfolgen, so dass mit Spannung zu erwarten ist, wie schnell sich sowohl die Open-Access-„Zeitschrift" PeerJ als auch der zugehörige Preprint-Server PeerJ PrePrints mit Inhalten füllen werden.

4 Besondere Sammlungen biologischer Literatur

Während die meisten Universitätsbibliotheken nur bis zu einem gewissen Spezialisierungsgrad Literatur für Forschung und Lehre erwerben und sich gerade die spezielle Forschungsliteratur stark an den an der jeweiligen Universität forschenden Professoren orientiert, gibt es besondere Sammlungen biologischer Literatur, auf die man in Spezialfällen zurückgreifen kann, wenn der Bestand der eigenen Bibliothek nicht mehr ausreicht. Neben gedruckter Literatur gibt es auch einige Digitalisierungsprojekte, die insbesondere ältere biowissenschaftliche Literatur online verfügbar und durchsuchbar machen.

4.1 Sondersammelgebiet Biologie

Sondersammelgebietsbibliotheken

Während in vielen anderen Ländern die Nationalbibliotheken auch die wichtigste ausländische Literatur erwerben (wie z. B. die *British Library* in London oder die *Library of Congress* in Washington D. C.), wurde in Deutschland zu diesem Zweck ein föderales System einer *verteilten nationalen Forschungsbibliothek* geschaffen. In diesem System sind verschiedene Staats- und Universitätsbibliotheken sowie drei Fachbibliotheken für das Sammeln der in den verschiedenen Fächern weltweit erscheinenden wissenschaftlichen Literatur zuständig. Die Sondersammelgebietsbibliotheken werden bei der Beschaffung der ausländischen Literatur von der Deutschen Forschungsgemeinschaft finanziell unterstützt.

webis

Informationen über alle Sondersammelgebiete werden im Informationsportal *Webis* bereitgestellt. Dort können Sie sich einerseits einen Überblick über alle Sammelgebiete verschaffen und andererseits detaillierte Informationen zu den jeweiligen SSG-Bibliotheken und denen im Zusammenhang mit dem jeweiligen SSG angebotenen Dienstleistungen abrufen.

Das **Sondersammelgebiet Biologie** (SSG 12: Biologie. Botanik. Zoologie) wird von der *Universitätsbibliothek Johann Christian Senckenberg* in Frankfurt am Main (UB Frankfurt) betreut. Bis vor einiger Zeit war das SSG 12 noch in drei Sondersammelgebiete unterteilt: **(Allgemeine) Biologie** (12.0), **Botanik** (12.1) und **Zoologie** (12.2). Die UB Frankfurt erwirbt für diese drei Gebiete möglichst vollständig die weltweit erscheinende forschungsrelevante Literatur in gängigen europäischen Sprachen. Dabei werden nicht nur gedruckte Bücher und Zeitschriften, sondern vermehrt auch digitale Medien (E-Books, E-Journals) gekauft. Die erworbene Literatur wird sowohl vor Ort in den Räumlichkeiten der UB Frankfurt als auch über Fernleihe und Dokumentlieferdienste zur Nutzung bereitgestellt.

Das Sondersammelgebiet „Biologie. Botanik. Zoologie" umfasst (u. a.) folgende Fachgebiete:

- Allgemeine Biologie
- Anatomie der Tiere und Pflanzen
- Biochemie und Biophysik der Pflanzen und der Tiere
- Biogeographie
- Biologische Umweltforschung
- Bodenbiologie
- Cytologie
- Deszendenztheorie
- Evolution
- Genetik
- Histologie
- Hydrobiologie
- Meeresbiologie
- Mikrobiologie (allgemein)
- Molekularbiologie
- Morphologie
- Naturschutz
- Ökologie
- Spezielle Botanik und spezielle Zoologie
- Tier- und Pflanzenphysiologie

Zu anderen Sammelschwerpunkten gehören die Fachgebiete Anthropologie, Arzneipflanzen (medizinische Aspekte), allgemeine Biochemie, allgemeine Biophysik, Humanbiologie (medizinische Aspekte) sowie medizinische Mikrobiologie.

Die Sondersammelgebietsbestände sind zusammen mit den restlichen Beständen der UB Frankfurt in deren Online-Katalog vollständig nachgewiesen. Die Zeitschriftenbestände sind darüber hinaus auch in der Zeitschriftendatenbank (ZDB) verzeichnet. Die UB Frankfurt veröffentlicht jeden Monat eine Liste der neu erworbenen Bestände für das SSG Biologie (sowie für zahlreiche andere Fächer), die nach einer groben Systematik erschlossen sind. Diese können Sie nutzen, um sich über für Sie relevante Neuerscheinungen zu informieren.

Wenn Sie auf der Suche nach (sehr) spezieller biowissenschaftlicher Forschungsliteratur sind, die in Ihrer Heimatbibliothek nicht vorhanden ist, sollte die UB Frankfurt Ihr erster Anlaufpunkt sein. Wenn Sie die gesuchte Literatur auch dort nicht finden, ist es empfehlenswert, sich an das zuständige Fachpersonal zu wenden, das Ihnen bei Ihrer Suche gerne behilflich ist und ggf. die gesuchte Literatur auch für Sie beschaffen kann.

4.2 Virtuelle Fachbibliothek Biologie

Ebenfalls von der UB Frankfurt (in Zusammenarbeit mit weiteren Bibliotheken und biologischen Organisationen) wird die **Virtuelle Fachbibliothek Biologie** (vifabio) erstellt und betreut. Über dieses Portal können Sie einfach und schnell auf eine Vielzahl an biologischen Fachinformationen zugreifen. Als zentrales Suchinstrument dient dabei der „Virtuelle Katalog", der eine gemeinsame Suche in biologisch relevanten Bibliothekskatalogen, bibliographischen Datenbanken, Internetquellen & freien Volltexten, sowie Landes- und Regionalbibliographien ermöglicht. Wenn Sie aus dem Netzbereich Ihrer Universität auf den virtuellen Katalog zugreifen, können Sie auch die im Rahmen der Nationallizenzen (s. Seite 56) verfügbaren Datenbankarchive *Biological Abstracts* und *Zoological Record* mit durchsuchen.

Als zweites wichtiges Angebot der vifabio steht Ihnen der *Internetquellen-Führer* zur Verfügung, mit dessen Hilfe Sie nach qualitativ und fachlich geprüften Links zu biowissenschaftlichen Webangeboten, Portalen, Datenbanken und institutionellen Webseiten suchen können. Anhand der Erschließung nach Thema, Ressourcentyp und geographischem Bezug können Sie die Internetquellen einerseits durch entsprechendes Navigieren in der Systematik erkunden sowie andererseits Ihre Suche nachträglich einschränken („Drill Down"). Die thematische Erschließung erfolgt anhand der *BioDDC*, die auf der Dewey-Dezimalklassifikation (DDC) basiert. Als weitere Drill-Down-Optionen stehen Ihnen Sprache, Format, Zugang und Zielgruppe zur Verfügung, so dass Sie z. B. die Möglichkeit haben, sich nur kostenfrei zugängliche Webseiten auf Experten-Niveau anzeigen zu lassen.

Noch einen Schritt weiter geht die Volltextsuche *BioWebSearch*, mit der Sie nicht nur die Metadaten der in der vifabio zusammengestellten Linksammlung, sondern sowohl die verlinkten Webseiten als auch alle dahinterliegenden Seiten im Volltext durchsuchen können.

Hier können Sie also ähnlich einer Google-Suche in Internetquellen recherchieren, haben aber den Vorteil, dass die zugrundeliegenden Webseiten durch Fachpersonal begutachtet und ausgewählt wurden.

In Zusammenarbeit mit der Elektronischen Zeitschriftenbibliothek (EZB, s. Seite 47) bietet die vifabio den Fachausschnitt Biologie aus der EZB auch direkt eingebunden in das vifabio-Portal an. Wenn man aus dem Netz einer EZB-Partnerinstitution auf die vifabio zugreift, werden bei den elektronischen Zeitschriften ebenfalls die Zugriffsoptionen über das Ampelsymstem der EZB angezeigt. Über eine einfache Suche können Sie die Titel der enthaltenen Zeitschriften durchsuchen. Die erweiterten Suchmöglichkeiten der EZB stehen in der vifabio leider nicht zur Verfügung.

E-Zeitschriften

Als weitere Sammlung biowissenschaftlicher Literatur und Informationen gibt es in der vifabio den *Datenbank-Führer*, der zurzeit 830 biologische Datenbanken nachweist (Stand: Dezember 2012). Bei der Mehrheit der Datenbanken handelt es sich um sog. Faktendatenban-

Datenbank-Führer

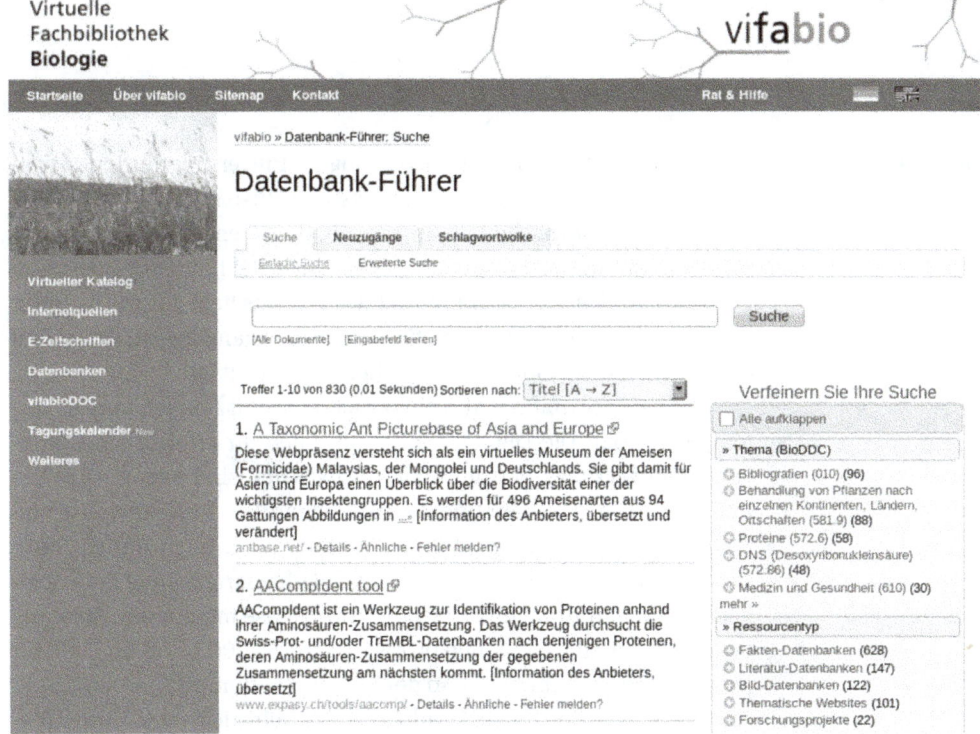

Abb. 31: Suchmaske und Kurztitelliste im Datenbank-Führer der Virtuellen Fachbibliothek Biologie (vifabio)

ken, in denen z. B. biochemische Sequenzen, taxonomische Informationen, ökologische Daten oder andere fachlich relevante Fakten enthalten sind. Am zweithäufigsten sind Literaturdatenbanken vertreten, gefolgt von Bilddatenbanken. Die Einträge im Datenbank-Führer sind nach denselben Prinzipien thematisch und formal erschlossen wie im Internetquellen-Führer.

vifabioDOC

Seit einiger Zeit ergänzt der Dokumentenserver *vifabioDOC* das fachliche Angebot der vifabio. Als Open-Access-Repositorium bietet er einerseits Wissenschaftlern die Möglichkeit, ihre Veröffentlichungen zur kostenfreien Nutzung online zur Verfügung zu stellen. Andererseits werden die auf dem Server veröffentlichten Dokumente thematisch und formal erschlossen und können somit gezielt durchsucht werden. Die thematische Erschließung erfolgt hierbei anhand der obersten drei Gliederungsebenen der DDC, d. h. die Erschließung geht nicht so tief wie bei der BioDDC. Derzeit sind gut 4300 Dokumente in vifabioDOC enthalten. Darunter befinden sich auch zahlreiche digitalisierte Monographien, deren Erscheinungsjahre bis ins 17. Jahrhundert zurückreichen.

4.3 AnimalBase

AnimalBase

Am Zoologischen Institut der Georg-August-Universität Göttingen wurde 2004 das DFG-geförderte Projekt **AnimalBase** initiiert, dessen Ziel es ist, frühe zoologische Literatur zu digitalisieren und zugänglich zu machen. Darauf weist auch der Projekt-Untertitel hin: *Early Zoological Literature Online*. Der Schwerpunkt des Projekts liegt auf der Literatur vor 1800, da diese für die Forschung schwer zugänglich ist, jedoch auf dem Gebiet der Taxonomie von großer Wichtigkeit ist.

AnimalBase umfasst alle biologischen Teildisziplinen und ist kostenfrei nutzbar. Die Digitalisierung der Literatur erfolgte am Göttinger Digitalisierungszentrum (GDZ). Inzwischen sind knapp 4700 Dokumente (Monographien und Zeitschriftenartikel) in AnimalBase enthalten und (inklusive der in ihnen enthaltenen Referenzen) erschlossen. Über die reine Digitalisierung und Verfügbarmachung der zoologischen Literatur hinaus werden in AnimalBase mit großem Aufwand taxonomische Informationen erfasst (knapp 54 000 Taxa) und mit der jeweiligen Erstbeschreibung in der Literatur verknüpft.

Die Datenbank bietet zahlreiche Sucheinstiege und Browsing-Möglichkeiten über die man einerseits in den Metadaten der digitalisierten Dokumente recherchieren kann und andererseits nach Arten, Gattungen, Familien und höheren taxonomischen Gruppen suchen kann. Zu einem Teil der Taxa sind in der Datenbank auch Fotos enthalten. Seit November 2009 sind die Titeldaten von AnimalBase in die Metasuche der vifabio integriert.

4.4 Biodiversity Heritage Library

Biodiversity Heritage Library

Bei der **Biodiversity Heritage Library** (BHL) handelt es sich um ein ähnliches Projekt wie bei der AnimalBase-Datenbank. Es hat jedoch seinen Ursprung in Amerika und Großbritannien und wurde 2005 in einer Kooperation von zehn naturhistorischen Bibliotheken ins Leben gerufen. Inzwischen wurden auch mehrere BHL-Projekte außerhalb Amerikas gegründet (z. B. BHL-Europe und BHL-China), die übergreifend als BHL-Global bezeichnet werden. Das globale BHL-Projekt wird vorrangig von der *Smithsonian Institution* (Washington D. C.), dem *Natural History Museum* (London) und dem *Missouri Botanical Garden* geleitet. Die BHL arbeitet darüber hinaus eng mit der *Encyclopedia of Life* (EOL) zusammen.

In der BHL wird ebenfalls lizenzfreie Literatur digitalisiert und erschlossen. Der thematische Schwerpunkt liegt dabei auf der Artenvielfalt bzw. Biodiversität. Die BHL bietet inzwischen Zugriff auf rund 57 500 Titel in ca. 110 000 Bänden und mit fast 40 Mio. digitalisierten Seiten, was sie zum weltweit größten Digitalisierungsprojekt im Bereich der Biodiversitätsliteratur macht.

Neben zahlreichen Browsing-Optionen kann man die Inhalte der BHL sowohl auf Ebene der Titeldaten als auch thematisch durchsuchen. Für die taxonomische Suche wird der *Taxon Finder (Taxonomic Name Server)* des uBio-Projekts *(Universal Biological Indexer and Organizer)* verwendet, der wie ein Thesaurus funktioniert und möglichst viele Varianten des gesuchten taxonomischen Begriffs mit berücksichtigt. Über die zu jedem Datenbankeintrag vorhandenen Schlagworte kann ein thematische Suche in der Datenbank durchgeführt werden. Die Titeldaten von BHL können auch im Virtuellen Katalog der vifabio, im *Internet Archive* sowie in der *Bielefeld Academic Search Engine* (BASE, s. Seite 34) durchsucht werden.

Informationen weiterverarbeiten

Wenn Sie mit Hilfe der in den beiden ersten Teilen dieses Buchs kennengelernten Werkzeuge und Suchstrategien erfolgreich Literatur für Ihre Studien- oder Forschungsarbeit gefunden haben, stehen Ihnen noch einige weitere Herausforderungen bevor: Wie können Sie die gefundenen Literaturstellen sinnvoll speichern und verwalten, damit sie Ihnen für eine spätere Verwendung ohne großen Aufwand zur Verfügung stehen? Wie kommen Sie an die Volltexte von Aufsätzen oder auch an ganze Bücher, die nicht Teil des Medienbestandes Ihrer Heimatbibliothek sind? Und – last but not least – wie dokumentieren bzw. zitieren Sie die von Ihnen verwendete Literatur korrekt in Ihrer Studienarbeit oder Ihrem Forschungsaufsatz? Auf diese Fragen möchte Ihnen der dritte Teil dieses Buchs einige Antworten geben.

5 Suchergebnisse exportieren und verwalten

Suchergebnisse exportieren

Während man noch vor gar nicht allzu langer Zeit die gefundenen Literaturstellen noch von Hand aus den gedruckten Bibliographien abschreiben musste und auch die einzelnen Volltexte aus den entsprechenden Zeitschriften oder Büchern kopiert hat, bieten heute die meisten Datenbanken **Downloadmöglichkeiten** für die Ergebnislisten von Recherchen an. Ebenso erscheinen – insbesondere in den Naturwissenschaften – die meisten wissenschaftlichen Zeitschriften auch, wenn nicht gar nur, online, so dass die gewünschten Volltexte bequem auf den eigenen Rechner heruntergeladen werden können. Doch ebenso wie sich früher die Kopien zu unhandlichen Stapeln türmten und man im schlimmsten Fall nichts mehr wiederfand, wenn man die Texte nicht in einer systematischen Art und Weise ordnete und ggf. abheftete, besteht auch in der heutigen Zeit diese Gefahr, wenn man sich kein sinnvolles Konzept überlegt, wie man seine Literatur auf dem eigenen Rechner oder anderen Speichermedien ablegt und verwaltet.

5.1 Treffermengen abspeichern

Treffermengen abspeichern

Welche Funktionalitäten des Weiterverarbeitens von Treffermengen in den einzelnen Datenbanken und Recherchetools angeboten werden, hängt vom jeweiligen Anbieter ab. Gängige Funktionen sind Ausdrucken, Abspeichern und E-Mail-Versand. Für das wissenschaftliche

Arbeiten ist das **Abspeichern der Rechercheergebnisse** am nützlichsten, da Sie die gespeicherten Daten je nach Bedarf weiterverwenden können. Um unnötige Nacharbeiten zu vermeiden, sollten Sie sich die bibliographischen Daten zu den gefundenen Treffern direkt in einem Format abspeichern, das im Anschluss leicht in eine Literaturverwaltungssoftware importiert werden kann. Am gängigsten ist hierbei das RIS-Format (*Research Information System Format*), das von den meisten Literaturverwaltungsprogrammen unterstützt wird. Für LaTeX-Nutzer empfiehlt sich hingegen das BibTeX-Format, das ebenfalls von vielen Datenbanken und Bibliothekskatalogen angeboten wird.

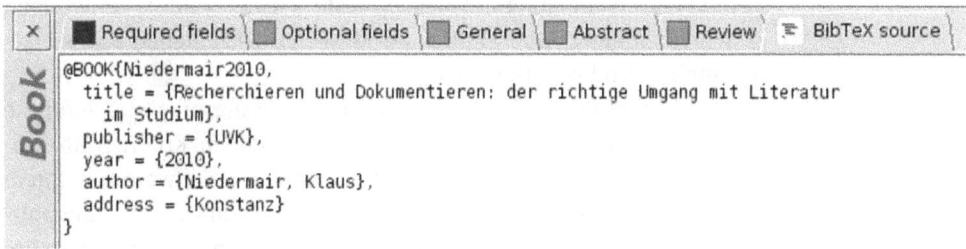

Abb. 32: Beispiel für die Darstellung eines Eintrags im BibTeX-Format im Literaturverwaltungsprogramm JabRef

Wenn es von der entsprechenden Datenbank angeboten wird, sollten Sie zusätzlich zu den bibliographischen Daten (Autor, Titel, Quellenangabe) auch inhaltliche Informationen wie Schlagwörter (*Keywords*) und Kurzzusammenfassungen (*Abstracts*) herunterladen. Diese ermöglichen Ihnen auch im Nachhinein noch eine thematische Recherche in Ihrem Literaturverwaltungsprogramm.

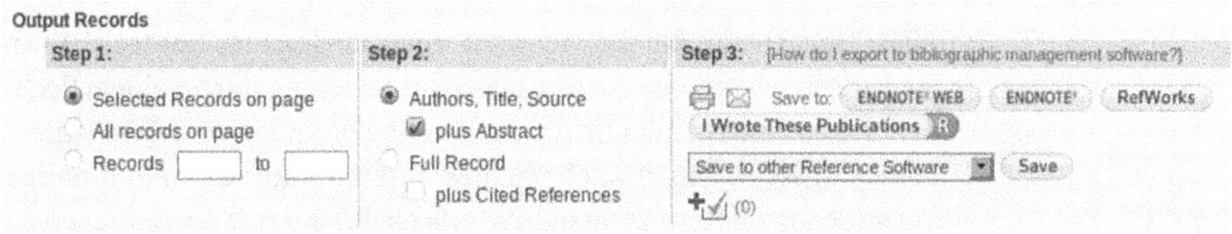

Abb. 33: Download-Möglichkeiten in der Datenbank Web of Science

5.2 Literatur verwalten

Literaturverwaltungsprogramme

Auch wenn Sie bei der Literaturrecherche zunächst die grundsätzliche Einarbeitung in ein Thema und als nächstes vielleicht die konkrete Planung eines Experiments im Sinn haben, und noch gar nicht darüber nachdenken, dass Sie eines schönen Tages darüber eine Arbeit schreiben oder einen Aufsatz verfassen werden, können Sie sich die Arbeit immens erleichtern, wenn Sie die gefundene Literatur von Beginn an sinnvoll verwalten. Moderne **Literaturverwaltungsprogramme** bieten hier viele hilfreiche Funktionalitäten an – sei es auf dem eigenen Rechner oder online. Je früher Sie damit beginnen, eine strukturierte Literatursammlung anzulegen, desto leichter wird es Ihnen beim Schreiben einer Arbeit fallen, auf diese zurückzugreifen und sie gewinnbringend einzusetzen.

Welches der zahlreichen Literaturverwaltungsprogramme für Sie am besten geeignet ist, hängt von verschiedenen Kriterien ab. Insbesondere sollten Sie darauf achten, dass die Software mit Ihrem Textverarbeitungsprogramm kompatibel ist, damit Sie Ihr Literaturverzeichnis nicht selbst erstellen und formatieren müssen. Ein weiterer wichtiger Punkt ist die Kostenfrage, denn während für einige der bekanntesten Programme zum Teil erhebliche Lizenzkosten anfallen (z. B. *EndNote*, *Citavi* oder *RefWorks*), gibt es auch zahlreiche kostenfreie Programme (z. B. *Zotero*, *JabRef*, *BibSonomy*, *LibraryThing*, *Connotea*, *CiteULike* oder *Mendeley*). Zahlreiche Hochschulen haben für Ihre Angehörigen eine Campuslizenz für eines oder mehrere Literaturverwaltungsprogramme abgeschlossen.

Tipp

Viele Universitätsbibliotheken bieten auch Schulungen für Literaturverwaltungsprogramme an. Insbesondere, wenn es für ein bestimmtes Programm eine Campuslizenz gibt. Oft wird aber auch die Verwendung kostenfreier Programme geschult.

Social Cataloging

Ausschlaggebend für die Auswahl einer geeigneten Software kann auch die Frage sein, ob Sie Ihre Literatursammlung nur an einem Rechner nutzen wollen, oder ob Sie auch online darauf zugreifen möchten. Vielleicht ist es Ihnen auch wichtig, Ihre Literatursammlung online mit anderen teilen zu können bzw. umgekehrt auch daran teilhaben zu können, welche Literatur andere für interessant halten. Dann kommen sog. *Social-Cataloging*-Systeme für Sie in Betracht, wie z. B. *BibSonomy*, *CiteULike*, *LibraryThing* oder *Connotea*. In solchen Systemen können Nutzer für ihre Literatureinträge eigene Schlagwörter (sog. *Tags*) vergeben und sich dann beispielsweise anhand der Tags thematisch ähnliche Einträge anzeigen lassen. Hat man einen anderen Nutzer entdeckt, der an ähnlichen Themen interessiert ist, wie man selbst, kann man (je nach System) auch per RSS-Feed verfolgen, welche neuen Einträge dieser Nutzer vornimmt, um darüber eventuell neue Literatur zu entdecken.

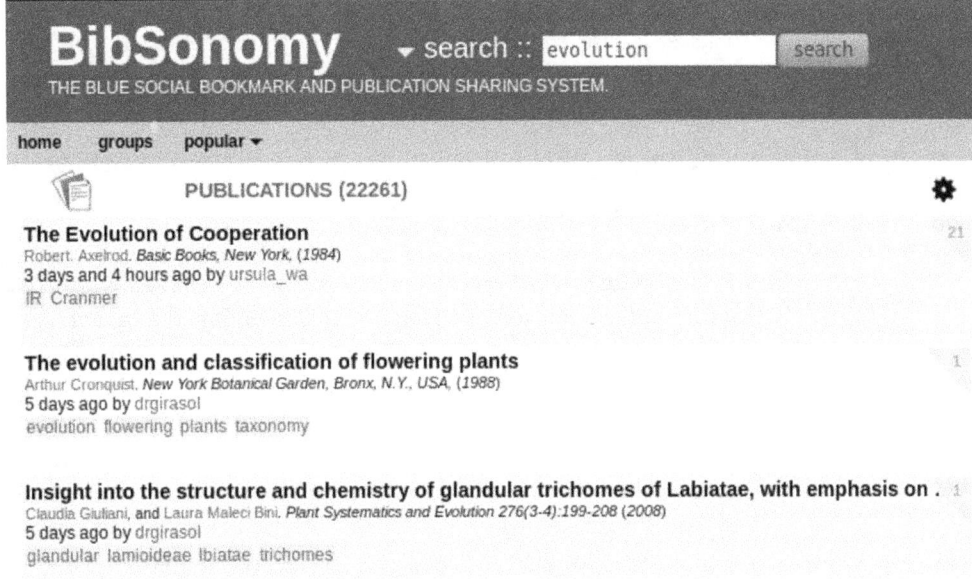

Abb. 34: Ausschnitt aus dem Online-Literaturverwaltungssystem BibSonomy

Zusätzlich zu den aus Datenbanken oder anderen Quellen importierten bibliographischen Daten können Sie in einem Literaturverwaltungsprogramm zu den einzelnen Literaturstellen noch eigene Kommentare, Schlagwörter oder auch Textauszüge speichern, die das spätere Zuordnen der Literatur zu einem bestimmten Thema oder einer Argumentationslinie erleichtern. Ebenso bieten viele Literaturverwaltungsprogramme auch die Möglichkeit, Links zu den Volltexten abzuspeichern, sei es zur Online-Version via DOI (*Digital Object Identifier*, vgl. Seite 80) oder zu einer lokalen Datei auf dem eigenen Rechner.

6 Literatur beschaffen

Auch wenn in den Naturwissenschaften ein immer größerer Teil der Literatur elektronisch erscheint und online zur Verfügung steht, gilt auch für diese Publikationsform, dass keine Universitätsbibliothek genügend Mittel zur Verfügung hat, um alle potentiell relevante Literatur zu beschaffen, so dass Sie sowohl für gedruckte als auch für elektronische Medien wissen sollten, wie Sie sich diese beschaffen können, falls Sie Ihnen nicht an Ihrer Heimateinrichtung zur Verfügung stehen. Insbesondere bei Zeitschriftenaufsätzen haben Sie zusätzlich zur *Fernleihe* und zu *Dokumentlieferdiensten* auch die Möglichkeit, sich vom verantwortlichen Autor (*corresponding author*) eine Kopie zusenden zu lassen. Diese früher weit verbreitete Form der Literaturbeschaffung wird heute nur noch selten genutzt, obgleich sie heutzutage per E-Mail viel unkomplizierter ist, als früher auf dem Postweg.

6.1 Fernleihe

Fernleihe

Die **Fernleihe** ist ein Service, den Bibliotheken bereits seit langer Zeit für ihre Nutzer anbieten, um Literatur zu beschaffen, die vor Ort nicht vorhanden ist. Sie basiert auf dem Prinzip der Gegenseitigkeit und wird immer zwischen zwei Bibliotheken – der „gebenden" und der „nehmenden" Bibliothek – abgewickelt. Die Lieferung erfolgt nicht direkt an den Benutzer, sondern die nehmende Bibliothek verleiht das bestellte Buch an den Benutzer bzw. händigt ihm die bestellte Aufsatzkopie aus. Die meisten wissenschaftlichen Bibliotheken in Deutschland bieten inzwischen die Möglichkeit der *Online-Fernleihe* an, über die die Beutzer ihre Fernleihbestellungen direkt eingeben können. Auf Grundlage der *Leihverkehrsordnung* wird dann zunächst innerhalb der jeweiligen Leihverkehrsregion geprüft, ob das bestellte Medium vorhanden ist (Regionalprinzip). Falls nicht, wird die Bestellung an eine der anderen Leihverkehrsregionen weitergeleitet. Diese Vorgänge werden inzwischen (nahezu) vollautomatisch abgewickelt. Medien, die in der eigenen Bibliothek vorhanden, aber zurzeit verliehen sind, können nicht per Fernleihe bestellt werden, auch wenn dies für den Nutzer manchmal praktisch erschiene. Ebenso sind bestimmte Medien grundsätzlich von der Fernleihe ausgeschlossen, z. B. sehr wertvolle und alte Literatur (vor 1800), Loseblattausgaben, komplette Zeitschriftenbände oder auch sogenannte „Nicht-Buch-Medien".

Tipp

Da eine Fernleihbestellung unabhängig davon, ob sie am Ende zu einer erfolgreichen Lieferung führt, gewisse Kosten verursacht, wird dem Benutzer pro Bestellung eine erfolgsunabhängige pauschale Gebühr (derzeit 1,50 Euro) in Rechnung gestellt. Bei Aufsatzkopien kommen je nach Seitenanzahl ggf. noch weitere Kosten pro Seite hinzu. Aufsatzkopien bis zu 20 Seiten sind i. d. R. kostenfrei.

Zusätzlich zur Fernleihe innerhalb Deutschlands sind auch *internationale Fernleihbestellungen* möglich, falls das gewünschte Medium im Land nicht vorhanden ist. Hierbei entstehen jedoch meist höhere Kosten, die vollständig vom Benutzer zu tragen sind. Daher sollte man sich im Vorfeld gut überlegen, ob eine solche Bestellung wirklich erforderlich ist.

6.2 Dokumentlieferdienste

Dokumentlieferdienste stellen insbesondere dann eine sinnvolle Alternative zur Fernleihe dar, wenn man sehr schnell die Kopie eines Aufsatzes benötigt, der vor Ort nicht vorhanden ist. Während per Fernleihe bestellte Kopien meist erst nach einigen Tagen bis Wochen beim Besteller ankommen, bieten Dokumentlieferdienste deutlich kürzere Lieferzeiten, bei Eilbestellungen erfolgt der Versand sogar binnen weniger Stunden. Neben der schnellen Lieferung unterscheiden sich Dokumentlieferdienste auch dadurch von der Fernleihe, dass die Lieferung direkt an den Besteller erfolgt und nicht über eine zwischengeschaltete Bibliothek. Mögliche Varianten sind hierbei die Lieferung als Papierkopie, die Zusendung per Fax oder – sofern es rechtlich zulässig ist – der Versand einer Datei per E-Mail. Während bei der Fernleihe grundsätzlich pro Bestellung Kosten entstehen, werden bei Dokumentlieferdiensten i. d. R. nur erfolgreiche Lieferungen in Rechnung gestellt. Die dafür anfallenden Kosten variieren jedoch je nach Kundengruppe, Lieferart und Liefergeschwindigkeit. Neben Aufsatzkopien können über Dokumentlieferdienste auch Bücher bestellt werden, die dann per Postversand zugestellt werden und auch auf dem Postweg wieder zurückgesendet werden müssen.

Dokumentlieferung

Der im deutschsprachigen Raum am häufigsten genutzte Dokumentlieferdienst ist **subito** (Dokumente aus Bibliotheken e. V.), ein Zusammenschluss von wissenschaftlichen Bibliotheken aus Deutschland, Österreich und der Schweiz mit Sitz in Berlin. Subito bietet für die Recherche in den Beständen der teilnehmenden Bibliotheken eigene Online-Kataloge an, über die eine Bestellung generiert werden kann. Die gewünschten Dokumente können an Bibliotheken (*Subito Library Service*) oder direkt an den bestellenden Endnutzer (*Subito Direct Customer Service*) geliefert werden. Für die Nutzung von subito ist eine kostenfreie Registrierung erforderlich, bei der der Nutzer einer entsprechenden Kundengruppe zugeordnet wird (z. B. Schüler, Studierende, Mitarbeiter der Hochschulen, Privatkunden, Geschäftskunden).

GetInfo
<small>FACHINFORMATIONEN FÜR TECHNIK UND NATURWISSENSCHAFTEN</small>

Für den naturwissenschaftlich-technischen Bereich bietet die Technische Informationsbibliothek Hannover (TIB) im Rahmen ihres Fachinformationsportals **GetInfo** ebenfalls einen Dokumentlieferdienst an. Sie kooperiert dazu mit dem Fachinformationszentrum (FIZ) Karlsruhe und dem FIZ Chemie sowie mit dem WTI-Frankfurt (der Nachfolgeinstitution des FIZ Technik). Auch für die Nutzung dieses Lieferdienstes ist eine einmalige Registrierung erforderlich.

Hinweis

Für eine Dokumentlieferung können Sie direkt in den Datenbanken von subito recherchieren. Darüber hinaus bieten aber auch zahlreiche bibliographische Datenbanken einen Link auf subito, so dass Sie in vielen Fällen direkt im Anschluss an eine Literaturrecherche eine Dokumentlieferung in Auftrag geben können.

7 Richtig zitieren

7.1 Warum zitieren?

Zitieren

Die Frage, weshalb man die Literatur, die man zur Vorbereitung seiner eigenen Forschungsarbeit gelesen hat, in seinem eigenen Text erwähnen – also **zitieren** – sollte, lässt sich am einfachsten dadurch beantworten, dass wir dies doch auch erwarten würden, wenn sich jemand anderes auf unsere eigenen Forschungsergebnisse stützt. Zwar werden auch heute noch viele neue Dinge entdeckt und erforscht, aber dies gelingt doch nur, weil es eine Unmenge von bereits Erforschtem gibt, auf das wir uns beziehen können, und das es uns erst ermöglicht, neue Ideen zu generieren, die zu neuen Erkenntnissen führen.

Aus diesem Grund ist es ein wesentliches Charakteristikum wissenschaftlicher Texte, sich mit der bereits vorhandenen Forschungsliteratur auseinanderzusetzen. Dazu beschreibt man einerseits, auf welchen bereits vorhandenen Erkenntnissen die eigene Forschungsarbeit aufbaut, und diskutiert andererseits die eigenen Forschungsergebnisse im Kontext der bislang vorhandenen Erkenntnisse und ordnet diese dadurch in den Gesamtzusammenhang ein. Auf diese Weise erhält man selbst, aber auch die wissenschaftliche Community, einen Eindruck davon, ob die neuen Forschungsergebnisse bisher Bekanntes bestätigen oder widerlegen.

Dadurch, dass man die relevante Forschungsliteratur als Grundlage für die eigene Arbeit zitiert, weist man nach, dass man sich eingehend mit dem Thema befasst hat und sich einen hinlänglich vollständigen Überblick verschafft hat. Fehlt dieser Nachweis, werden zum einen bei den Gutachtern, die Ihre Abschlussarbeit oder Ihren

Forschungsaufsatz bewerten, Zweifel daran aufkommen, dass Ihre Arbeit auf einer fundierten Grundlage beruht, und Sie womöglich von falschen oder zumindest unvollständigen Voraussetzungen ausgegangen sind. Zum anderen wird auch Ihre Arbeit von den anderen Wissenschaftlern eher kritisch aufgenommen und im schlimmsten Fall als unbrauchbar angesehen werden.

Auch wenn im naturwissenschaftlichen Bereich echte **Plagiate** im Text, d. h. die Übernahme fremden Gedankenguts in wörtlicher oder abgewandelter Form, ohne dieses als solches zu kennzeichnen, eher selten sind, sei an dieser Stelle trotzdem betont, dass es sich hierbei keineswegs um ein Kavaliersdelikt handelt. Dieser *Diebstahl geistigen Eigentums* kann einerseits gegen rechtliche Bestimmungen (wie z. B. das Urheberrecht) verstoßen und andererseits insbesondere bei prüfungsrelevanten Arbeiten zu massiven Konsequenzen, wie z. B. dem Ausschluss von einer Prüfung, der Exmatrikulation oder auch der Aberkennung eines akademischen Grades führen.

Da im digitalen Zeitalter das Übernehmen fremder Texte in die eigene Arbeit mittels *copy & paste* deutlich einfacher geworden ist und im Internet auch viele wissenschaftlich relevante Texte zugänglich sind, hat die Anzahl der Plagiatsfälle – insbesondere in Schule und Studium – in den letzten Jahren überproportional zugenommen. Zum Teil liegt dies sicherlich auch daran, dass elektronisch vorliegende Texte leichter mit technischen Hilfsmitteln nach möglichen Plagiaten durchsucht werden können, und somit mehr Fälle entdeckt werden als im Zeitalter handschriftlicher Texte.

Als eine Folge dieser Entwicklung lassen sich immer mehr Hochschulen bereits bei Hausarbeiten von den Studierenden eine förmliche Erklärung geben, in denen diese versichern, die Arbeit selbstständig angefertigt und alle verwendeten Quellen ordnungsgemäß zitiert zu haben. Solche Erklärungen waren früher erst bei Abschlussarbeiten (Diplom, Magister) oder inbesondere bei Doktorarbeiten üblich.

„Hiermit versichere ich, dass die von mir vorgelegte Hausarbeit selbstständig verfasst worden ist, die benutzten Quellen, einschließlich der Quellen aus dem Internet, und die Hilfsmittel vollständig angegeben und dass die Stellen der Arbeit, die anderen Werken oder dem Internet im Wortlaut oder dem Sinn nach entnommen sind, unter Angabe der Quelle als Entlehnung kenntlich gemacht worden sind."

Um gar nicht erst in den Verdacht des Plagiierens zu geraten, sollte man alle für eine Arbeit verwendeten Texte und Quellen vollständig und sachgerecht zitieren. Dann braucht man sich auch keine Sorgen zu machen, wenn die eigene Hochschule routinemäßig alle eingereichten, prüfungsrelevanten Arbeiten auf möglich Plagiate hin untersucht.

7.2 Was zitieren?

Angesichts der Unmengen an Literatur, die Jahr für Jahr publiziert werden, ist es in den meisten Themenbereichen der Biowissenschaften weder möglich noch nötig, alles zu lesen, geschweige denn alles zu zitieren. Umso wichtiger ist es, eine sorgfältige Auswahl der Literatur zu treffen, die einerseits eine hinreichende Grundlage für Ihr Thema darstellt, und die andererseits geeignet ist, Ihre Argumentationslinie zu begründen und zu untermauern. Nicht zitieren bzw. mit Literaturnachweisen belegen brauchen Sie unstrittige Informationen, wie z. B. dass Käfer zur Klasse der Insekten gehören, oder allgemein anerkannte Zusammenhänge, wie z. B. dass Pflanzen mit Hilfe von Photosynthese Energie produzieren.

Als Ausgangsbasis für die Einleitung und die Diskussion ist es von Vorteil, wenn bereits Übersichtsartikel – sog. *Reviews* – existieren, in denen die Ergebnisse der wichtigsten Forschungsartikel zu Ihrem Thema zusammengefasst sind. Wenn es solche Reviews bereits gibt, müssen Sie nicht das Rad neu erfinden und versuchen, die Literatur selbst zusammenzufassen. Gegebenenfalls können Sie die Aussagen eines Reviews noch durch neuere Erkenntnisse ergänzen, wenn beispielsweise seit dessen Veröffentlichung bereits einige Zeit ins Land gegangen ist.

OPEN ACCESS Freely available online PLOS | GENETICS

Review

Lessons from Model Organisms: Phenotypic Robustness and Missing Heritability in Complex Disease

Christine Queitsch*, Keisha D. Carlson, Santhosh Girirajan

Department of Genome Sciences, University of Washington, Seattle, Washington, United States of America

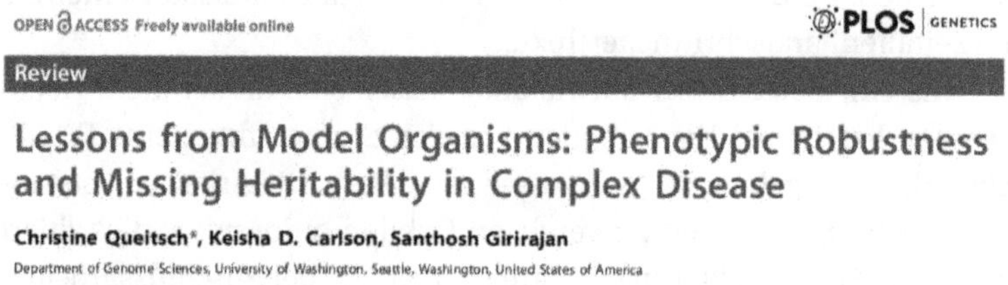

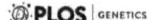

Abb. 35: Beispiel für einen Übersichtsartikel *(Review)* in der Open-Access-Zeitschrift PLoS Genetics

Um spezielle Sachverhalte zu diskutieren und Ihre Ergebnisse im Detail mit anderen Arbeiten zu vergleichen, sollten Sie jedoch unbedingt die Originalarbeiten lesen und entsprechend auch diese zitieren. Auch wenn es auf den ersten Blick bequem erscheint Zitate „aus zweiter Hand" einfach weiterzuverwenden und davon auszugehen, dass der Autor, von dem Sie den Sachverhalt übernehmen, diesen richtig wiedergegeben hat, sind am Ende Sie selbst dafür verantwortlich, dass der Sachverhalt in Ihrem eigenen Text korrekt dargestellt ist. Und dies können Sie nur dann mit Sicherheit gewährleisten, wenn Sie die Originalarbeit gelesen haben.

Wenn Sie aus triftigen Gründen im Ausnahmefall dennoch ein Zitat aus zweiter Hand übernehmen müssen, dann machen Sie dies unbedingt im Literaturverzeichnis kenntlich, indem Sie beispielsweise wie folgt zitieren:

Van Valen, L. (1973). A new evolutionary law. *Evolutionary Theory* **1**: 1-30. Cited by Krebs, C. E. (2001). *Ecology: The Experimental Analysis of Distribution and Abundance.* 5th ed., San Francisco: Benjamin Cummings.

Beispiel

Alle Literatur, auf die Sie sich im Text beziehen, muss auch im Literaturverzeichnis aufgeführt sein. Am leichtesten können Sie diese Vollständigkeit erreichen, wenn Sie Ihr Literaturverzeichnis mit Hilfe eines Literaturverwaltungsprogramms erstellen. Im Umkehrschluss bedeutet dies aber auch, dass Sie im Literaturverzeichnis keine Literaturangaben hinzufügen dürfen, auf die Sie im Text nicht unmittelbar verweisen.

7.3 Wie zitieren?

Das im vorigen Abschnitt verwendete Beispiel ist nur eine von vielen möglichen Variationen, wie Sie Ihr Literaturverzeichnis gestalten können. Wie Sie eher früher als später feststellen werden, hat (fast) jede wissenschaftliche Zeitschrift ihre eigenen Vorschriften, wie die Referenzenliste zu gestalten ist, und ebenso, wie die Zitate im Text dargestellt werden müssen. Für Ihre Seminar-, Master- oder Doktorarbeit ist es ratsam, möglichst früh mit den jeweiligen Betreuern zu klären, welche Form des Zitierens von diesen gewünscht ist. Bei wissenschaftlichen Zeitschriften gibt es in der Regel Autorenrichtlinien, in denen die Vorgaben entsprechend spezifiziert sind. Auch wenn Ihr Betreuer Ihnen bei der Gestaltung des Literaturverzeichnisses bzw. der Zitate im Text freie Hand lässt, sollten Sie sich dennoch im Vorfeld über eine einheitliche Gestaltung Gedanken machen und diese in der gesamten Arbeit konsequent durchhalten.

Durch das Zitieren der verwendeten Literatur soll es den Lesern der Arbeit so leicht wie möglich gemacht werden, die verwendeten Dokumente zu finden, um diese bei Bedarf selbst lesen und überprüfen zu können. Daher ist sowohl eine formal einheitliche Gestaltung als auch eine vollständige Angabe der bibliographischen Daten grundlegende Voraussetzung für gutes wissenschaftliches Zitieren.

Zitierstil

In den Biowissenschaften sind als Zitierstile hauptsächlich die sog. „Harvard-Zitation" und die „Numerische Zitation" verbreitet. Bei der Harvard-Zitation, die auch als *Autor-Jahr-Zitierweise* bezeichnet wird, wird im Text auf die zitierte Literatur verwiesen, indem der Autor bzw. die Autoren des zitierten Dokuments sowie dessen Erscheinungsjahr angegeben werden. In der Literaturliste werden die Dokumente dann alphabetisch nach den Nachnamen der Erstautoren sortiert. Bei der numerischen Zitation werden die zitierten Dokumente in der Regel nach der Reihe ihrer Erwähnung im Text durchnummeriert und entsprechend auch im Literaturverzeichnis in dieser Reihenfolge aufgelistet. Für dasselbe Dokument wird dabei im gesamten Text dieselbe Nummer verwendet.

Wie bereits erwähnt, werden in biowissenschaftlichen Texten eher selten direkte Textzitate aus anderen Arbeiten verwendet, sondern man formuliert den Sachverhalt, den man zitieren möchte in eigenen Worten und verweist direkt oder indirekt auf den Text, in dem dieser Sachverhalt beschrieben wurde. Bei Verwendung der Harvard-Zitation könnte man beispielsweise folgende Zitate formulieren:

> „As recently reviewed by van Asch & Visser (2007), this type of relationship seems to be common in forest caterpillars."

> „Optimal oviposition theory (Jaenike, 1978) predicts that oviposition preference should correlate with host plant suitability for offspring development as females are assumed to maximize their fitness by ovipositing on high quality hosts (Awmack & Leather, 2002)."

Im ersten Beispiel werden die Autoren des zitierten Artikels direkt in den Satz mit einbezogen und das Erscheinungsjahr des Aufsatzes in Klammern dahintergestellt. Im zweiten Beispiel wird nur indirekt auf die beiden referenzierten Artikel verwiesen, indem diese jeweils nach dem betreffenden Sachverhalt in Klammern angegeben werden. Wie genau diese Angaben gestaltet werden müssen, ist ebenfalls je nach Zeitschrift bzw. je nach dem Geschmack Ihres Betreuers entsprechend festgelegt. Üblicherweise wird bei Zitaten mit mehr als drei Autoren der besseren Lesbarkeit halber nur der erste Autor angegeben und die weiteren mit *et al.* (lat. für *et alii*, dt. „und andere") abgekürzt.

Literaturverzeichnis

Im Literaturverzeichnis stünden dann im Fall der beiden obigen Beispielsätze folgende Einträge:

- Awmack, C. S. & Leather, S. R. (2002). Host plant quality and fecundity in herbivorous insects. *Annual Review of Entomology* **47**: 817-844.

- Jaenike, J. (1978). On optimal oviposition behavior in phytophagous insects. *Theoretical Population Biology* **14**: 350-356.
- van Asch, M. & Visser, M. E. (2007). Phenology of forest caterpillars and their host trees: the importance of synchrony. *Annual Review of Entomology* **52**: 37-55.

Diese drei **Aufsätze** sind allesamt in Zeitschriften erschienen, so dass bei allen die gleichen Elemente von bibliographischen Angaben zu finden sind, d. h.:

Aufsätze

- Autorename(n): Nachname, Initialen des/der Vornamen(s)
- Erscheinungsjahr
- Aufsatztitel
- Titel der Zeitschrift
- Ausgabe
- Seitenzahlen

Wie die einzelnen Angaben genau formatiert werden (müssen), d. h. beispielsweise ob zwei Autoren durch „und" oder „&" oder mehrere Autoren durch Komma oder Strichpunkt voneinander getrennt werden, ob die Vornamen mit oder ohne Punkt abgekürzt werden, ob das Jahr mit oder ohne Klammer angegeben wird, ob der Zeitschriftentitel ausgeschrieben oder abgekürzt wird und welche Angaben kursiv oder fett gedruckt werden, kann je nach Vorschrift variieren. Wichtig ist, dass man die Formatierung bei allen Zitaten nach den gleichen Regeln gestaltet. Die **Zitierstile** der verschiedenen Zeitschriften unterscheiden sich i. d. R. nur in bestimmten Details. Damit Sie diese nicht von Hand anpassen müssen, bieten die gängigen Literaturverwaltungsprogramme bereits viele Formatvorlagen an bzw. Sie können die entsprechenden Formatierungsregeln manuell festlegen und dann auf das gesamte Literaturverzeichnis anwenden.

- Burki, F., Okamoto, N., Pombert, J. F. & Keeling, P. J. The evolutionary history of haptophytes and cryptophytes: phylogenomic evidence for separate origins. Proc. R. Soc. B 279, 2246-2254 (2012) [Nature]
- Burki, F., Okamoto, N., Pombert, J. F. & Keeling, P. J. 2012 The evolutionary history of haptophytes and cryptophytes: phylogenomic evidence for separate origins. *Proc. R. Soc. B* **279**, 2246-2254. [Proceedings of the Royal Society B]
- Burki, F., N. Okamoto, J. F. Pombert, and P. J. Keeling. 2012. The evolutionary history of haptophytes and cryptophytes: phylogenomic evidence for separate origins. Proceedings of the Royal Society B 279:2246-2254. [Ecology]
- Burki F, Okamoto N, Pombert JF, Keeling PJ (2012) The evolutionary history of haptophytes and cryptophytes: phylogenomic evidence for separate origins. Proc R Soc B 279:2246-2254. [Naturwissenschaften]

Zitierstile verschiedener Zeitschriften

- **Burki, F., Okamoto, N., Pombert, J. F. & Keeling, P. J.** (2012) The evolutionary history of haptophytes and cryptophytes: phylogenomic evidence for separate origins. *Proceedings of the Royal Society B* **279**, 2246-2254. [Bulletin of Entomological Research]

Digital Object Identifier

Im Zeitalter des elektronischen Publizierens kann man den Lesern das Auffinden der zitierten Literatur noch leichter machen, indem man bei online verfügbaren Texten – so vorhanden – den DOI (*Digital Object Identifier*) mit angibt. Bei manchen Zeitschriften ist dies sogar bereits explizit vorgeschrieben. Der DOI beginnt immer mit *10.* gefolgt von einer vierstelligen Zahl, die die Organisation (z. B. den Verlag) identifiziert. Getrennt durch einen Slash „/" folgt darauf eine ID, die das Dokument identifiziert. Diese ID kann je nach Organisation sehr verschieden gestaltet sein. Der im Hinweiskasten in verschiedenen Formatierungsvarianten dargestellte Zeitschriftenaufsatz hat beispielsweise folgende DOI: 10.1098/rspb.2011.2301. Indem man die URL des DOI-Proxyservers *http://dx.doi.org/* vor die DOI setzt, gelangt man direkt zu dem entsprechenden Dokument bzw. zur Webseite des Verlags, auf der man beispielsweise den Abstract des Dokuments lesen und – je nach Lizenz – zum Volltext gelangen kann.

Bei Büchern bzw. **Monographien** werden üblicherweise folgende Informationen angegeben: Autorenname(n), Erscheinungsjahr, Buchtitel, Auflage, Erscheinungsort, Verlag. Je nach Zitierstil kann auch noch eine Umfangsangabe in Form der Gesamtseitenzahl erforderlich sein. Möchten Sie nicht nur auf das Buch als ganzes verweisen, sondern auf einen bestimmten Abschnitt, können Sie am Ende noch die entsprechenden Seitenzahlen anfügen. Auch bei Monographien gibt es je nach Formatierungsvorschrift verschiedene Varianten, wie das Zitat zu gestalten ist. Welche für Sie die richtige ist, sagen Ihnen die Autorenrichtlinien des betreffenden Verlags bzw. Ihr Betreuer. Der besseren Lesbarkeit halber, werde ich im Folgenden immer nur eine mögliche Variante angeben.

Monographie

Krebs, C. E. (2001). *Ecology: The Experimental Analysis of Distribution and Abundance*. 5th ed., San Francisco: Benjamin Cummings.

Handelt es sich bei dem Buch um einen **Sammelband**, d. h. wurde das Buch nicht durchgehend von denselben Autoren geschrieben, sondern jedes Kapitel hat andere Autoren, wird dies beim Zitieren des gesamten Buchs meist durch den Zusatz (Hrsg.) bzw. (ed.) oder (eds.) kenntlich gemacht. *Hrsg.* kürzt dabei „Herausgeber" ab, *ed(s).* steht für „editor(s)".

Sloan, P. R. & Fogel, B. (eds.) (2011). *Creating a physical biology: the Three-Man Paper and early molecular biology*. Chicago: University of Chicago Press.

Sammelband

Bezieht sich das Zitat auf ein bestimmtes Kapitel aus einem Sammelband, können Sie dieses wie folgt zitieren.

Champagne, F. A. & Curley, J. P. (2011). Epigenetic influence of the social environment. In: A. Petronis & J. Mill (eds.) *Brain, Behavior and Epigenetics*. Berlin: Springer, pp. 185-208.

Aufsatz aus einem Sammelband

Wenn Sie (wie in den hier verwendeten Beispielen) Ihre Arbeit auf Englisch schreiben und entsprechend die Zitate in Englisch formulieren, verwenden Sie die Abkürzung „p." für *page* bzw. „pp." für *pages* bei den Seitenangaben.

Möchten Sie Online-Dokumente oder Webseiten zitieren, die über keinen *Persistent Identifier* (wie z. B. den oben erwähnten DOI) verfügen, ist es unbedingt erforderlich zusätzlich zum URL der betreffenden Webseite das Datum anzugeben, wann Sie diesen zuletzt geprüft haben. Diese Prüfung sollte idealerweise kurz vor Abgabe der Arbeit bzw. vor der Einreichung des Manuskripts beim Verlag stattfinden.

Notieren Sie sich bei allen Dokumenten, die Sie für Ihre Arbeit verwenden, immer sofort die vollständigen bibliographischen Daten, insbesondere wenn Sie einen Aufsatz aus einer Zeitschrift oder aus einem Sammelband kopieren. Nur so können Sie ihn später in Ihrer Arbeit sicher und vollständig zitieren. Am besten tragen Sie die Daten auch gleich in Ihr Literaturverwaltungsprogramm ein.

Tipp

Zu guter Letzt

Am Ende dieses Buches kommen Sie hoffentlich nicht zu dem Schluss, dass die Lektüre vergeudete Zeit war. Ganz im Gegenteil wünsche ich Ihnen, dass Sie viele neue und hilfreiche Dinge dazulernen konnten und nun für die Literaturrecherche gut gerüstet sind. Erfolgreiches Recherchieren ist ein essentieller Bestandteil der wissenschaftlichen Arbeit und je weniger Zeit Sie dafür aufwenden müssen, desto mehr Zeit steht Ihnen für Ihre Forschung zur Verfügung.

So wünsche ich Ihnen in Zukunft viel Freude und Erfolg bei der biowissenschaftlichen Literatur- und Informationsrecherche und gutes Gelingen bei den im Rahmen Ihres Studiums sowie in Ihrer späteren Forschungstätigkeit zu erstellenden wissenschaftlichen Arbeiten und Veröffentlichungen.

Anstelle eines Glossars

 Ein ausführliches Glossar mit Erläuterungen zu allen Begriffen, die bei der Literatur- und Informationsrecherche eine Rolle spielen, würde den Umfang dieses Buches sprengen und liegt zudem in einer kostenfreien Online-Version bereits vor. Verlässliche Erläuterungen zu allen bibliothekarischen Fachbegriffen, die Ihnen in diesem Buch – oder auch in anderen Zusammenhängen – begegnen, bietet das Glossar auf der Website **informationskompetenz.de** – Vermittlung von Informationskompetenz an deutschen Bibliotheken. Neben den Definitionen der Begriffe finden Sie hier bei vielen Einträgen auch verwandte, über- und untergeordnete Begriffe sowie Beispiele und Links auf externe Angebote.

http://www.informationskompetenz.de/glossar

Ressourcenverzeichnis

Hier finden Sie alphabetisch sortiert die im Text behandelten Informationsressourcen mit den zugehörigen Internetadressen. Bis auf wenige Ausnahmen sind diese weltweit kostenfrei zugänglich. Bei den lizenzpflichtigen Angeboten (z. B. Web of Knowledge) kann der Zugriff ggf. über eine entsprechende Lizenz Ihrer Heimatbibliothek erfolgen.

Das Ressourcenverzeichnis ist kostenfrei online zugänglich über die Website von De Gruyter:
http://www.degruyter.com/view/product/185780

AnimalBase (> Kap. 4.3)
    http://www.animalbase.org
arXiv (> Kap. 3.4.1)
    http://arxiv.org
Ask.com (> Kap. 1.3.1)
    http://de.ask.com
BASE s. Bielefeld Academic Search Engine
BHL s. Biodiversity Heritage Library
BHL-Europe s. Biodiversity Heritage Library Europe
BibSonomy (> Kap. 5.2)
    http://www.bibsonomy.org
Bielefeld Academic Search Engine (> Kap. 1.3.2)
    http://www.base-search.net
Bing (> Kap. 1.3.1)
    http://www.bing.com
Biodiversity Heritage Library (> Kap. 4.4)
    http://www.biodiversitylibrary.org
Biodiversity Heritage Library Europe (> Kap. 4.4)
    http://www.bhl-europe.eu
BioLIS (> Kap. 1.2.3)
    http://biolis.ub.uni-frankfurt.de
BIOSIS Citation Index s. Web of Knowledge
BIOSIS Previews s. Web of Knowledge
BIOSIS Previews (Nationallizenzarchiv) (> Kap. 1.2.3)
    http://rzblx10.uni-regensburg.de/dbinfo/detail.php?bib_id=alle&titel_id=6239
Citavi (> Kap. 5.2)
    http://www.citavi.com/de/index.html
CiteULike (> Kap. 5.2)
    http://www.citeulike.org
Connotea (> Kap. 5.2)
    http://www.connotea.org
Current Contents Connect s. Web of Knowledge
Datenbank-Infosystem (> Kap. 1.2.2)
    http://www.bibliothek.uni-regensburg.de/dbinfo
DBIS s. Datenbank-Infosystem
Dewey-Dezimalklassifikation (> Kap. 3.1.1)
    http://www.ddc-deutsch.de
Directory of Open Access Journals (> Kap. 3.1.3)
    http://www.doaj.org

DOAJ s. Directory of Open Access Journals
Elektronische Zeitschriftenbibliothek (> Kap. 3.1.2)
    http://ezb.uni-regensburg.de
Encyclopedia of Life (> Kap. 4.4)
    http://eol.org
EndNote (> Kap. 5.2)
    http://endnote.com
EOL s. Encyclopedia of Life
EZB s. Elektronische Zeitschriftenbibliothek
GetInfo (> Kap. 6.2)
    https://getinfo.de
Google (> Kap. 1.3.1)
    http://www.google.de
Google Books (> Kap. 1.3.1)
    http://books.google.de
Google Scholar (> Kap. 1.3.1)
    http://scholar.google.de
Greenpilot (> Kap. 1.1.2)
    http://www.greenpilot.de
Informationskompetenz.de (> Kap. 4)
    http://www.informationskompetenz.de
Internet Archive (> Kap. 4.4)
    http://archive.org
JabRef (> Kap. 5.2)
    http://jabref.sourceforge.net
Journals for Free (> Kap. 3.1.4)
    http://www.journals4free.com
JournalTOCs (> Kap. 3.2.3)
    http://www.journaltocs.ac.uk
JSTOR (> Kap. 3.3.2)
    http://www.jstor.org
Karlsruher Virtueller Katalog (> Kap. 1.1.3)
    http://www.ubka.uni-karlsruhe.de/kvk.html
KVK s. Karlsruher Virtueller Katalog
LibraryThing (> Kap. 5.2)
    http://www.librarything.com
MEDLINE s. Web of Knowledge
MEDLINE via PubMed s. PubMed
Mendeley (> Kap. 5.2)
    http://www.mendeley.com
myCCBio s. My Current Contents Biology
My Current Contents Biology (> Kap. 3.2.1)
    http://mycc.hebis.de/mycc/myCCBio/mycc-start.html
Nationallizenzen (> Kap. 3.3.1)
    http://www.nationallizenzen.de/
Online Contents Biologie (> Kap. 3.2.1)
    http://cbsopac.rz.uni-frankfurt.de/DB=3.4/START_WELCOME
PeerJ PrePrints (> Kap. 3.4.2)
    https://peerj.com

PubMed (> Kap. 1.2.3)
    http://www.ncbi.nlm.nih.gov/pubmed
RefWorks (> Kap. 5.2)
    http://www.refworks.com
Regensburger Verbundklassifikation (> Kap. 3.1.1)
    http://rvk.uni-regensburg.de
Science Citation Index (Expanded) s. Web of Knowledge
SciVerse Scopus (> Kap. 1.2.3)
    http://www.scopus.com
Scopus s. SciVerse Scopus
Sondersammelgebiet Biologie (> Kap. 4.1)
    http://www.ub.uni-frankfurt.de/ssg/biologie.html
Sondersammelgebiete s. Webis
subito – Dokumente aus Bibliotheken (> Kap. 6.2)
    http://www.subito-doc.de
Suchkiste (> Kap. 3.3.1)
    http://finden.nationallizenzen.de
vifabio s. Virtuelle Fachbibliothek Biologie
Virtuelle Fachbibliothek Biologie (> Kap. 4.2)
    http://www.vifabio.de
viXra (> Kap. 3.4.2)
    http://vixra.org
Web of Knowledge (> Kap. 1.2.3)
    http://webofknowledge.com
Web of Science s. Web of Knowledge
Webis – Sammelschwerpunkte an deutschen Bibliotheken (> Kap. 4.1)
    http://webis.sub.uni-hamburg.de
WorldCat (> Kap. 1.1.2)
    http://www.worldcat.org
Yahoo! (> Kap. 1.3.1)
    http://de.yahoo.com
ZDB s. Zeitschriftendatenbank
Zeitschriftendatenbank (> Kap. 3.1.1)
    http://www.zeitschriftendatenbank.de
Zoological Record s. Web of Knowledge
Zoological Record (Nationallizenzarchiv) (> Kap. 1.2.3)
    http://rzblx10.uni-regensburg.de/dbinfo/detail.php?bib_id=alle&titel_id=6896
Zotero (> Kap. 5.2)
    http://www.zotero.org

Literaturverzeichnis

Franck, N.; Stary, J. (Hrsg.) (2011). *Die Technik wissenschaftlichen Arbeitens: eine praktische Anleitung.* 16., überarb. Aufl. Paderborn: Schöningh.

Franke F.; Klein, A.; Schüller-Zwierlein, A. (2010). *Schlüsselkompetenzen: Literatur recherchieren in Bibliotheken und Internet.* Stuttgart: Metzler.

Gaedeke, N. (2007). *Biowissenschaftlich recherchieren: über den Einsatz von Datenbanken und anderen Ressourcen der Bioinformatik.* Basel: Birkhäuser.

Jele, H. (2012). *Wissenschaftliches Arbeiten: Zitieren*, 3. Aufl. Stuttgart: Kohlhammer.

Niedermair, K. (2010). *Recherchieren und Dokumentieren: der richtige Umgang mit Literatur im Studium.* Konstanz: UVK.

Ridley, D. (2012). *The literature review: a step-by-step guide for students.* 2. ed., Los Angeles: Sage.

Schmidt, D.; Davis, E. B.; Jacobs, P. F. (2002). *Using the biological literature: a practical guide.* 3. ed., rev. and expanded. New York: Dekker. (Books in library and information science; 60)

Theisen, M. R, (2011). *Wissenschaftliches Arbeiten: Technik – Methodik – Form.* 15., aktualis. und erg. Aufl. München: Vahlen.

Weilenmann, A.-K. (2012). *Fachspezifische Internetrecherche für Bibliothekare, Informationsspezialisten und Wissenschaftler.* 2., vollst. überarb. Aufl. Berlin: De Gruyter Saur. (Bibliotheks- und Informationspraxis; 44)

Wytrzens, K. H.; Schauppenlehner-Kloyber E.; Sieghardt M.; Gratzer, G. (2012). *Wissenschaftliches Arbeiten: eine Einführung.* 3., aktualis. Aufl. Wien: Facultas.

Sachregister

A
Alert-Dienst 21
Ampelsystem 47
arXiv 59
Aufsatzdatenbank 11
Autor-Jahr-Zitierweise *siehe* Harvard-Zitation

B
BASE 34
Berichtszeitraum 13
Bibliographie 10
Bibliothekskatalog 2
Biological Abstracts 24
BIOSIS Citation Index 23
BIOSIS Previews 23
Boolesche Operatoren 39

D
Datenbank 10
Datenbank-Führer 14
Datenbank-Infosystem (DBIS) 11
Datenexport 68
DBIS *siehe* Datenbank-Infosystem
DDC *siehe* Dewey-Dezimalklassifikation
Deep Web 28
Dewey-Dezimalklassifikation 45
Directory of Open Access Journals 49
DOAJ *siehe* Directory of Open Access Journals
DOI *siehe* Digital Object Identifier
Dokumentenserver 58
Dokumentlieferdienst 73
Drill-Down-Funktion 41

E
E-Book 3
Elektronische Medien 3
Elektronische Zeitschriftenbibliothek 47
EZB *siehe* Elektronische Zeitschriftenbibliothek

F
Fachbibliographie *siehe* Bibliographie
Fachdatenbank 14
Fernleihe 72
Förmliche Erklärung 75

G
Google 30
Google Scholar 33

H
Harvard-Zitation 78

I
Indexsuche 4
Internetsuchmaschine *siehe* Suchmaschine
Invisible Web *siehe* Deep Web

J
JSTOR 57

K
Klassifikation 45
Known Item Search 1

L
Linkresolver 21
Literaturverwaltungsprogramm 70
Literaturverzeichnis 78

M
Medical Subject Headings (MeSH) 27
MEDLINE 27
Metadaten 11
Metakatalog 8
Moving Wall 57

N
Nationalbibliographie *siehe* Bibliographie
Nationallizenz 56
Normdatei 37
Normdatensatz 37
Notation 45
Numerische Zitation 78

O
Online-Fernleihe *siehe* Fernleihe
OPAC *siehe* Bibliothekskatalog
Open Access 50

P
Peer Review 30, 49
Plagiat 75
Postprint 58
Preprint 59
Preprint-Server 59, 61

Q
Qualitätskontrolle 29

R
Recommender-Funktion 4
Regensburger Verbundklassifikation 45
RSS-Feed 54
RVK *siehe* Regensburger Verbundklassifikation

S
Schlagwort 37
Schlagwortsuche 37
Science Citation Index *siehe* Web of Science
SciVerse Scopus 22
Social Cataloging 70
Sondersammelgebiet 45, 62
Stichwortsuche 37
Suchbegriff 36
Suche, einfache 3, 16
Suche, erweiterte 4, 18
Suchmaschine 28
Suchmaschine, allgemeine 30
Suchmaschine, wissenschaftliche 32
Suchstrategie 35, 38
Suchwortliste 37
Synonym 37
Systematik *siehe* Klassifikation

T
Thematische Recherche 1, 36

Thesaurus 26
Trunkierung 40

V
Verbundkatalog 6
Virtuelle Fachbibliothek 64
Virtueller Katalog 8, 9
Volltextdatenbank 11

W
Web of Knowledge 22
Web of Science 14

Z
ZDB *siehe* Zeitschriftendatenbank
Zeitschriftenarchiv 54
Zeitschriftenaufsatz 11
Zeitschriftendatenbank 44
Zeitschrifteninhaltsverzeichnis 51
Zeitschriftenliteratur 43
Zeitschriftenverzeichnis 43
Zitat 74
Zitationsanalyse 20, 22, 33
Zitierstil 77, 79
Zoological Record 26

Abbildungsverzeichnis

Boolesche Operatoren (Abbildung 20): A. Scheiner, eigene Abbildung.

Alle anderen nummerierten Abbildungen sowie die Marginalien (mit Ausnahme der nachfolgend erwähnten) sind Ausschnitte aus dem Angebot der jeweils behandelten Informationsressourcen.

Die Marginalien auf den Seiten 28, 32, 43, 47, 68 und 70 stammen aus Thinkstock (iStockphoto, Hemera).

Über die Autorin

Dr. Annette Scheiner studierte Biologie mit dem Hauptfach Tierökologie an der Julius-Maximilians-Universität Würzburg. Im Anschluss an ihre Promotion am Lehrstuhl für Tierökologie und Tropenbiologie der Universität Würzburg war sie von 2007 bis 2009 als wissenschaftliche Mitarbeiterin (Post-Doc) an der Universität Turku (*Turun yliopisto*) in Finnland tätig. Nach ihrem Bibliotheksreferendariat an der Universitätsbibliothek Kassel – Landesbibliothek und Murhardsche Bibliothek der Stadt Kassel sowie dem weiterbildenden Masterstudium der Bibliotheks- und Informationswissenschaft an der Humboldt-Universität Berlin arbeitet sie seit 2011 an der Universitätsbibliothek Freiburg im Breisgau. Neben Ihren Aufgaben als stellvertretende Erwerbungsleiterin und Open-Access-Beauftragte betreut sie dort das Fachreferat Biologie.

ERFOLGREICH RECHERCHIEREN

Herausgegeben von Klaus Gantert

Jochen Haug
Erfolgreich recherchieren – Anglistik und Amerikanistik

Annette Scheiner
Erfolgreich recherchieren – Biowissenschaften

Jens Hofmann
Erfolgreich recherchieren – Erziehungswissenschaften

Klaus Gantert
Erfolgreich recherchieren – Germanistik

Doina Oehlmann
Erfolgreich recherchieren – Geschichte

Kerstin Weinl
Erfolgreich recherchieren – Informatik

Ivo Vogel
Erfolgreich recherchieren – Jura

Christian Oesterheld
Erfolgreich recherchieren – Klassische Altertumswissenschaften *(in Planung)*

Angela Karasch
Erfolgreich recherchieren – Kunstgeschichte

Klaus Gantert
Erfolgreich recherchieren – Linguistik

Astrid Teichert
Erfolgreich recherchieren – Mathematik

Iris Reimann
Erfolgreich recherchieren – Medizin

Heinz-Jürgen Bove
Erfolgreich recherchieren – Politik- und Sozialwissenschaften

Ulrike Hollender
Erfolgreich recherchieren – Romanistik

Martin Gorski
Erfolgreich recherchieren – Wirtschaftswissenschaften *(in Planung)*

www.ingramcontent.com/pod-product-compliance
Lightning Source LLC
Chambersburg PA
CBHW080543110426
42813CB00006B/1193